KB053218

마크 주커버그(페이스북 창업자), 래리 페이지(구글 창업자),
스티브 잡스(애플 창업자), 빌 게이츠(마이크로소프트 창업자),
하워드 슐츠(스타벅스 회장), 리바이 스트라우스(청바지 창업자),
윌러엄 로젠버그(던킨 도너츠 창업자), 래리 엘리슨(베스킨라빈스 창업자)
앤디 글로브(인텔 창시자), 마이클 델(델 컴퓨터 CEO 창업자),
마이클 아이스너(전, 월트디즈니 CEO),
스티븐 스필버그(영화 감독), 우디 알렌(영화 감독), 올리버 스톤(영화 감독),
피카소(화가), 마르크 샤갈(화가), 모딜리아니(화가), 멘델스존(작곡가, 피아니스트, 지휘자),
캐서린 그래험(워싱턴 포스트와 AP 통신 대주주), 데이비드 사노프(NBC 창업자),
아돌프 오크스(뉴욕 타임스 창업자), 조셉 풀리처(퓰리처상 창시자),
구스타프 말러(작곡가 겸 지휘자), 조지 거슈인(현대음악 작곡가),
레너드 번스타인(작곡자 겸 지휘자, 피아니스트),
워런 버핏(기업가), 조지 소로스(기업가), 앨런 그린스펀(경제학자),
버냉키(정치인), 헨리 키신저(정치인, 노벨 평화상 수상),
더스틴 호프만(배우), 바브라스트라이샌드(가수 겸 배우), 밥딜런(싱어송라이터),
빌리조엘(가수), 사이먼 앤 가펑클(듀엣 가수),
프로이드(정신분석학 창시자), 베네딕트 스피노자(근대 철학자),
에리히 프롬(인문주의 철학자), 노암 촘스키(인지과학 선구자),
하인리히 하이네(작가), 프란츠 카프카(작가),
풀 새뮤엘슨(최초의 노벨 경제학상 수상자), 피터드러커(대표적인 경영학자),
칼 마르크스(혁명가 역사, 경제, 철학, 사회학자), 레닌(정치인, 지도자),
에디슨(발명가), 알버트 아인슈타인(노벨 물리학상 수상자),
…….

이들은 누구일까요?

세계사에 있어 학술, 정치, 경제, 문화, 예술 등 분야에서
인류에 많은 영향력을 끼치며
세계를 움직이고 있는 유대인들입니다.

Foreign Copyright:
Joonwon Lee
Address: 10, Simhaksan-ro, Seopae-dong, Paju-si, Kyunggi-do, Korea
Telephone: 82-2-3142-4151
E-mail: jwlee@cyber.co.kr

세계를 움직이는 유대인 자녀교육의 비결
유대인에게 배우는 부모 수업

2018년 11월 1일 1판 1쇄 인쇄
2018년 11월 7일 1판 1쇄 발행

지은이 | 유현심·서상훈
펴낸이 | 최한숙
펴낸곳 | BM 성안북스
주 소 | 04032 서울시 마포구 양화로 127 첨단빌딩 5층(출판기획 R&D 센터)
10881 경기도 파주시 문발로 112 출판문화정보산업단지(제작 및 물류)
전 화 | 02) 3142-0036
031) 950-6300
팩 스 | 031) 955-0510
등 록 | 1973.2.1 제406-2005-000046호
출판사 홈페이지 | **www.cyber.co.kr**
ISBN | 978-89-7067-344-8 (13590)
정가 | 14,800원

이 책을 만든 사람들
본부장 | 전희경
교정·교열 | 윤미현
표지 디자인 | 디박스
마케팅 | 구본철, 차정욱, 나진호, 이동후, 강호묵
제작 | 김유석

세계를 움직이는 유대인 자녀교육의 비결

유현심 서상훈 공저

BM 성안북스

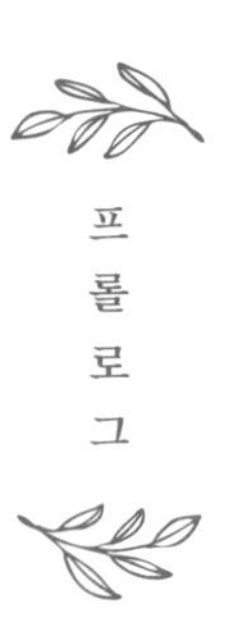

부모 수업, 왜 유대인인가?

'유대인'이라고 하면 어떤 생각이 드는가? 노벨상 수상자의 3분의 1을 차지하고, 세계에서 가장 많은 천재가 나왔으며, 수많은 글로벌 기업의 창업자를 배출하고, 정치·경제·문화 등 모든 면에서 강대국 미국을 주름잡는 민족이라는 긍정적인 이미지가 떠오를 것이다. 반면 팔레스타인을 강제로 점령하고, 불쌍한 중동의 이슬람인들에게 폭격을 가하며, 예수를 십자가에 못 박혀 죽게 하고, 셰익스피어의 '베니스의 상인'에 등장하는 탐욕스러운 고리대금업자 같은 부정적인 이미지가 떠오르는 사람도 있을 것이다.

한국인들은 직접 마주할 기회가 거의 없어서 실제로는 잘 모르는 유대인들을 우호적으로 바라보는 경향이 많다. 가장 큰 이유는 한국인과 유대인 사이에 비슷한 점이 많기 때문이다. 첫째, 한국인과 유대인은 평균적으로 머리가 좋고, 부지런한 편이다. 둘째, 한국인과 유대인 모두 교육열이 세계 최고 수준이다. 셋째, 한국인과 유대인 모두 가정의 중심은 아버지이나 어머니의 역할이 매우 크고 두 민족 모두 결혼 후에도 처녀 때의 성을 그대로 쓴다. 특히 한국과 이스라엘 모두 전쟁의 아픔을 겪었고 외세의 침략과 핍박을 받았으나 결국 모두 이겨내고 급격한 성장을 이루었다. 그러나 인접 국가와 언제든 다시 전쟁을 할 수 있는 위기 상황에 처해 있으며, 일정 기간 동안 의무적으로 군 복무를 해야 한다는 점도 공통점이다.

한국인과 유대인은 비슷한 점도 많지만 다른 점도 많다. 첫째, 한국인은 공간에 집착해서 토지와 집에 대한 애착이 강하지만 유대인은 시간과 기회에 큰 비중을 두기 때문에 집이나 국적에 큰 의미를 두지는 않는다. 둘째, 한국인은 상대 경쟁 마인드로 1등을 추구하는 교육을 하지만 유대인은 절대 경쟁 마인드로 각자의 독창성을 추구하는 교육을 한다. 셋째, 한국인은 감성적이고 기분파인 반면에 유대인은 이성적이고 논리적이다. 한국인은 1960년대부터 1970년대 사이에 남미와 북미로 대규모 이민을 가면서 세계화를 경험했지만 유대인은 2천 5백년이 넘게 세계를 떠돌아 다니다보니 국제 경험이 풍부하다는 차이점도 있다.

한국인과 유대인을 비교해서 공통점과 차이점을 찾아본다는 것만으로도 우리가 유대인에 대해 얼마나 큰 관심을 갖고 있는지를 알 수 있다. 그러나 비슷한 조건에도 불구하고 그동안 이룬 업적의 차이는 실로 엄청나다. 이 책에서 다루고자 한 것은 엄청난 성과의 차이를 막연히 부러워하거나 단숨에 따라 잡자는 것이 아니다. 그들이 그런 성과를 낸 비결을 꼼꼼하게 분석해보고 어떤 차이점이 있었는지, 우리가 배울 점이 있다면 어떤 점을 배울 것인지 적극적으로 받아들이는 자세가 필요하다. 그러기 위해 유대인의 역사와 전통, 생활과 문화에 대해 자세히 알아보려는 노력은 매우 중요하다고 본다.

유대인에 대해 공부를 하면서 예전에는 아주 재미없었던 세계사가 너무 흥미진진하고 재미있게 느껴진다. 놀라운 것은 세계 역사가 유대인의 역사와 궤를 같이 하고 있었다는 점이다. 그러므로 유대인에 대한 공부는 세계 속에서 우리의 위치를 알고 지금 우리가 처해 있는 상황을 이해하는 일이기도 하다.

기존 유대인에 관한 연구 중에 훌륭한 내용들이 정말 많았다. 그러나 경제사를 다룬 내용이나 종교를 다룬 내용 등은 내용면에서 어렵게 여겨져 쉽게 접근하기 힘든 측면이 있었다. 유대인의 자녀교육에 관해 다룬 책들은 원인보다는 현상을 보여주는 내용이 많아 그 이면에 더 중요한 어떤 내용이 있는지 궁금증을 유발하는 경우가 많았다. 그동안 필자들은 유대인에 관한 공부를 계속 하면서 그들의 뛰어난 공부 문화인 하브루타를 한국형으로 개발해 보급해 왔다. 현재 한국에서는 유대인의 공부 문화로 일컬어지는 하브루타를 우리 교육에 접목시키려는 시도가 많이 이루어지고 있다. 그러나 유대인에 대한 공부를 거듭할수록 유대인이 이루고 있는 성공은 그들이 어떤 공부 문화를 갖고 있느냐 하는 단순한 차원이 아니라는 것을 깨달았다. '하브루타'는 그들로부터 우리가 발전적으로 배워야 할 내용 중 극히 일부분에 불과하고, 그 또한 방법론이 아니라 하브루타가 담고 있는 의미가 더 중요한 것이었다.

몇 천 년을 이어져 내려온 그들의 역사만큼이나 그들에 대한 공부는 이제 시작에 불과하다. 앞으로도 우리는 지속적으로 유대인의 종교와 역사, 문화 등에 대한 공부를 통해 알게 된 내용들을 쉬운 언어로 많은 학부모와 교사, 청소년들과 공유하고 싶다. 그런 과정을 통해 우리가 배울 점은 배우고 비판적으로 수정, 발전시킬 점은 발전시켜 한민족의 우수성을 되살리는 데 조금이나마 도움이 되고자 한다.

유현심 · 서상훈

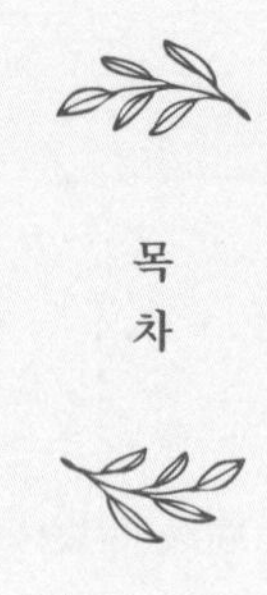

목차

프롤로그 | 부모 수업, 왜 유대인인가?

※ PART 01과 PART 02 각각의 항목별 원고 끝부분에는 다음과 같은 코너를 실었습니다. 적극적으로 활용해 보세요.

▶ 부모수업 Q&A_ 본문과 관련된 주제의 질문입니다. 스스로 묻고 생각하여 정리해 보세요.

▶ 하브루타 토론 예시_ 본문과 관련된 주제의 하브루타 토론 예시입니다. 가정에서 자녀들과 재미있는 하브루타 토론을 해보세요.

— PART 01 —

유대인에게 배우는 부모 수업 | 1

자녀를 성공으로 이끄는 유대인의 생활과 문화

01 전세계에 미치는 유대인의 영향력은 상상 그 이상이다 016

02 유대인의 탁월함에는 3가지 원동력이 있다 025

03 전 세계 유대인을 하나로 묶는 공동체 문화, 디아스포라 032

04 유대인들이 목숨 걸고 지켰던, 안식일 038

05 유대인 의식에 등장하는 중요한 상징 7가지 048

06 코셔 식사법으로 지켜낸 유대인의 정체성 057

07 결혼식에 담긴 유대인의 가정관 064

유쌤의 정리 노트 | 부모수업 첫 번째, 유대인의 생활과 문화에서 배우자 070

{인류 역사에 한 획을 그은 유대인들} 075

— PART 02 —

유대인에게 배우는 부모 수업 | 2

부모라면 꼭 알아야 하는 유대인의 자녀교육

01 | 유대인 자녀교육의 비결 1 | 13세 이전까지의 교육과정 096

02 | 유대인 자녀교육의 비결 2 | 밥상머리 교육과 베갯머리 교육 101

03 | 유대인 자녀교육의 비결 3 | 기적의 공부법, 하브루타 109

04 | 유대인 자녀교육의 비결 4 | 불굴의 도전 정신, 후츠파 118

05 | 유대인 자녀교육의 비결 5 | 13세 성인식, 바르미쯔바 127

06 | 유대인 자녀교육의 비결 6 | 세상을 개선시켜 나가야 하는 책임, 티쿤 올람 사상 134

07 | 유대인 자녀교육의 비결 7 | 자선이 아니라 당연한 의무, 쩨다카 140

08 | 유대인 자녀교육의 비결 8 | 유대인의 4차원 공부 방법 148

09 | 유대인 자녀교육의 비결 9 | 이스라엘 최정예 부대, 탈피오트 154

유쌤의 정리 노트 | 부모수업 두 번째, 유대인의 교육에서 배우자 160

— PART 03 —

유대인에게 배우는 부모 수업 | 3

세계를 움직이는 유대인 이야기

01 유대인은 어느 나라 사람을 말할까? 172

02 예루살렘을 이스라엘의 수도로 인정하는 것이 국제적으로 왜 문제일까? 176

박스 | 하브루타를 위한 이스라엘 팔레스타인 분쟁 관련 추천 영화 리스트

03 미국은 왜 이스라엘을 전폭적으로 지지할까? 184

04 사람들은 왜 유대 상인을 악독한 사람으로 묘사할까? 190

05 유대인들은 왜 사회적 비난을 받던 고리대금업에 종사했을까? 195

06 유대인의 경전인 토라와 탈무드는 어떤 책일까? 203

07 왜 회당(시나고그)을 유대인 생활의 중심이라고 부를까? 212

08 유대인들은 왜 예수를 십자가에 못 박혀 죽게 했을까? 216

박스 | 하브루타를 위한 예수 그리스도 관련 추천 영화 리스트

09 히틀러는 왜 600만 명의 유대인을 죽였을까? 225

10 홀로코스트가 일어날 수 있었던 원인은 무엇일까? 231

박스 | 하브루타를 위한 홀로코스트(나치 히틀러) 관련 추천 영화 리스트

| 에필로그 | 부모로서 유대인에게 배울 점은 무엇일까?

| 부록 | 유대인의 절기표

◆

유대인이 모든 분야에서 성공하는 이유는 무엇일까?

PART 01

유대인에게 배우는 부모 수업 | 1

자녀를 성공으로 이끄는 유대인의 생활과 문화

01 전세계에 미치는 유대인의 영향력은 상상 그 이상이다

에디슨, 아인슈타인, 프로이드 같은 사람은 인류 역사에 한 획을 그은 대표적인 유대인들이다. 이렇게 이름만 대면 알 수 있는 사람들을 보면서 개인적으로 뛰어난 사람이라고 생각할 수 있다. 그런데 유대인은 모든 분야에서 우리가 알고 있는 것 보다 훨씬 더 많은 영향력을 발휘하고 있다. 그것은 자료를 통해 충분히 입증되었고, 그 사례를 모두 열거하기 힘들 정도이다.

노벨상 수상자의 비율

우선 노벨상 수상자부터 살펴보자. 1901년부터 2016년까지 유대인은 총 200명의 노벨상 수상자를 배출했다. 단체를 제외하고 개인 수상자 중

5분의 1 이상을 차지하여 비율로는 30%에 육박한다. 언론들은 2017년 노벨상 수상자가 발표되자 이번에는 유대인 수상자가 어느 정도 될 것인지 가늠해보며 결과에 주목했다. 결과는 어찌 보면 당연했다. 평화상을 제외하고 5개 분야 11명의 수상자 중 3명이 유대인이었다. 비율로 보면 27%를 차지한다. 역대 수상자의 평균 비율을 늘 지켜오고 있는 것이다.

2017년 수상자인 마이클 로스바쉬 브랜다이스대 교수는 생리의학상을 받았고, MIT대 명예교수인 라이너 바이스는 물리학상을 받았으며 시카고대 교수인 리처드 탈러 교수는 경제학상을 수상했다. 유대인들이 특히 두각을 나타내는 분야는 물리학, 화학, 경제학, 문학 등으로 과학과 경제 분야만 놓고 보면 40%를 넘어서고 있다. 정확한 통계를 내기는 어렵지만 전 세계에 흩어져 사는 유대인은 대략 1,600만 명으로 전 세계 인구의 0.25% 정도밖에 안 된다고 하니 소수민족으로 볼 수 있는 인구에서 이런 성과를 보이는 것은 경이적인 결과라고 할 수 있다.

유대인 소유의 글로벌 기업은

유대인 소유의 글로벌 기업을 살펴보면 더욱 놀라게 된다. 유대인은 세계 500대 기업 경영진의 41.5%를 차지하며 세계 100대 기업의 80%가 이스라엘에 R&D 연구소를 두고 있다. 로스차일드, JP모건, 엑슨모빌, 록펠러, 시티그룹, 로열더치셸(로스차일드 가문 소유) 등을 비롯한 유대 자본은 세계 금융계를 장악하며 세계 5대 식량 메이저 회사 중 3곳을 소유하고 있고, 7대 메이저 석유회사도 소유하고 있다. GE, 제록스, 듀퐁, 보잉, 오라클, 스타벅스, 허쉬, 배스킨라빈스, 인텔, 델, 리바이스, 맥, 스틸라, 에스티로더, GAP 등 일일이 열거하기도 힘들만큼 많은 글로벌 기업들 상당수가 유대인이 창업했거나 지금도 소유하고 있는 기업들이다. 이와 같이 유대 기업들은 석유, 식량, 언론, 금융, 문화산업 전반에 걸쳐 막대한 영향력을 행사하고 있다.

세계 부호 순위 중 유대인의 비중은 어떨까?

2014년 7월 기준으로 전 세계 300대 부호 중 유대인은 35명으로 가장 많은 비중을 차지하면서 660조원에 달하는 자산을 보유하고 1,600명의 억만장자의 보유자산 중 10%를 차지했다. 2015년 포브스 이스라엘 판 자료에 따르면 세계 유대인 중 165명이 10억 달러 이상의 자산가이며 그 중 105명이 미국에 거주하고 있는 것으로 나타났다. 유대인들은 엄청난 자금력으로 세계의 중심지인 미국에서 막강한 영향력을 행사하고 있는 것이다. 잘 모르는 사람들도 있겠지만 2년마다 열리는 미국 경제학회의 올림픽 '존 베이츠 클라크 메달'의 역대 수상자 가운데 67%가 유대인이다.

미국 교육계에서 유대인 비율

유대인의 교육 분야 영향력 역시 막강하다. 한 때 미국 IVY리그 주요

대학의 유대인 학생 비율은 40%를 넘어섰는데 유대인들의 독주에 위기를 느낀 교육부는 지금 치르고 있는 SAT, 쿼터 제도, 주관적 평가 시스템 등을 도입하였다. 그러나 이러한 조치를 취했음에도 불구하고 유대인 학생의 비율은 20%~30%에 이르고 있고 IVY리그 주요대학 교수진의 비율은 더 높다고 하며, 중·고등학교 교사 중 절반 가까운 숫자가 유대인이라는 통계가 있다. 유대인들에게 선생님은 존경받는 직업이어서 교육계 직업을 많이 선호하기 때문이다.

웃지 못할 사실이 기독교 국가인 미국은 부활절이 되면 일제히 휴가에 돌입하는데 유독 뉴욕의 명문 공립학교들은 기독교 휴일에 쉬지 않고 유대교 휴일인 유월절, 대속죄일, 새해 명절인 나팔절 등에 방학을 한다. 184일의 수업일수를 지키기 위해 어쩔 수 없이 취해지는 일이라는데 그만큼 명문 공립학교의 유대인 비중이 높기 때문이다. 특히 유대인들은 하나님의 율법을 다루고 있는 토라와 탈무드로 토론과 논쟁을 하며 자라기 때문에 법조계로 진출하는 경우가 두드러지게 많아 미국 명문대 로스쿨의 약 30% 정도가 유대인이다. 그들은 유대인법대생연합회를 조직하여 활동하면서 법조계에서 막강한 영향력을 계속 행사하고 있다. 뉴욕과 워싱턴에서 활약하고 있는 변호사의 45% 이상이 유대인이라고 하니 이들의 영향력이 어느 정도인지 가늠할 수 있다.

정치·언론계에서의 유대인의 영향력

유대인의 정치적 영향력은 언론을 통해 체감할 수 있다.

유대인들은 전통적으로 미국 상·하원의 10% 정도를 차지하며 헨리 키신저 전 국무장관, 메들린 올브라이트 전 국무장관, 폴 월포위츠 전 국방부 장관과 같은 굵직한 정치인을 배출했다. 미국은 1948년 이스라엘의 건국 선언 11분 만에 이스라엘 건국을 승인하며 축하한다는 공식 메시지를 보내면서 최강 동맹을 더욱 굳건히 하였고, 2018년 5월 14일 이스라엘의 건국 70주년을 맞아 미국의 대통령 트럼프는 예루살렘을 이스라엘의 수도로 천명하기에 이른다.

트럼프를 대통령으로 당선시킨 트럼프의 사위 제라드 쿠시너, 중산층의 어려움을 호소해 돌풍을 일으킨 버니 샌더스 등 지금도 유대인들은 막강한 자금력과 뛰어난 능력으로 미국 정계를 주무르고 있다. 특히 이스라엘은 신의 조직이라 불리는 AIPAC(미국·이스라엘 공공정책위원회)이라는 로비 단체를 통해 국제사회에 엄청난 영향력을 발휘하고 있는데, 오바마가 민주당 대선 후보로 선출된 후 제일 먼저 찾아간 곳도 AIPAC이었다. 그는 이곳에서 이스라엘에 대한 충성을 맹세하며 당선되면 이스라엘과의 동맹을 더욱 굳건히 하겠다는 선언을 했다.

미국의 주요 언론에서도 유대인의 파워를 알 수 있다. 미국의 4대 일간지인 월스트리트 저널, 뉴욕타임스, 워싱턴포스트, LA타임스의 창간자와 주요 필진 대부분이 유대인이다. 미국의 주요 방송국인 NBC, CBS,

ABC도 유대인들이 만들었다. 세계는 미국을 움직이는 보이지 않는 유대인의 힘에 주목하고 있다.

문화·예술계에서의 유대인 영향력

문화·예술계의 유대인 파워도 대단하다. 유대인들은 어려서부터 토라와 탈무드를 통해 눈에 보이지 않는 추상적인 개념을 현실화 하며 살아온 민족이다. 그들에게는 언제나 눈에 보이지 않는 하나님이 함께 하며 모든 일상을 주관하고 계신다. 구체화될 수 없는 하나님을 현실 속 존재로 믿으며 믿음의 조상 아브라함을 비롯해 성경 속에 등장하는 다양한 인물과 배경들을 현실로 인식하며 살아왔기 때문에 무한한 상상력을 발달시킨 셈이다. 더구나 토라와 탈무드는 풍성하고 흥미진진한 스토리로 이루어져 있어 문화·예술의 토대가 되었고, 그로 인해 유대인들은 문화·예술 방면에서도 독보적인 우위를 차지하게 되었다.

이를 반증하듯 놀랍게도 할리우드에서 만들어지는 영화의 85% 정도가 유대인이 만들어내는 영화이다. 우리에게도 익숙한 파라마운트, 워너브라더스, 유니버설스튜디오, MGM, 20세기폭스, 컬럼비아 등 미국 메이저 영화사 대부분을 유대인이 창업했고, 지금도 소유하고 있다.

노벨 문학상을 수상한 유대인도 5명이나 되는데 특히 2016년 센세이션을 일으키며 노벨 문학상을 수상한 대중가수 밥 딜런은 '위대한 미국 음악 전통에 새로운 시적 표현을 창조했다.'는 평을 들었다. 유대인들은 19

세기 말부터 20세기 초 미국으로 대거 이주 하면서 뉴욕 빈민가에 자리를 잡았고 차별과 냉대를 견뎌내며 저항적인 가사를 담은 포크 뮤직을 탄생시켰고, 토라와 탈무드 공부를 통해 획득한 풍부한 스토리텔링 능력으로 그들의 독특한 정서를 반영한 영화를 만들어내는 등 문화 예술계를 주도해왔다. 그 밖에도 모든 분야에서 맹위를 떨치고 있는 유대인의 영향력은 일일이 열거하려면 지면이 부족할 정도이다.

유대인은 어떻게 세계의 정치, 경제, 문화를 주무르게 되었을까?

하브루타 토론 예시

영지 우와~ 정말 유대인들 대단하네?

엄마 정말 그렇지? 그런데 우리가 알고 있는 건 빙산의 일각이란다.

영지 세계 최고의 부자도 유대인이고 부자 순위 10위안에 유대인이 40% 이상이라니 정말 놀라워. 유대인들은 어떻게 이렇게 대단한 부자들이 되었을까?

엄마 엄마가 알기로 유대인들은 '어떻게 해야 돈을 많이 벌고 부자가 될 수 있을까?'를 먼저 고민하는 게 아니라고 해.

영지 그럼 유대인들이 돈을 좋아하는 게 아니야?

엄마 그렇지는 않아. 어떻게 보면 돈에 대해 가장 적극적인 자세를 갖고 있는 사람들일 수 도 있어. 다만 돈 버는 것을 최우선의 목표로 삼는 것은 아니라는 거지.

영지 어려운 이야기인데? 돈을 좋아는 하는데 목표로 삼지는 않는다구?

엄마 탈무드에는 돈의 중요성에 관한 명언이 많이 나오는데 혹시 들어 본 적 있어?

영지 아니, 잘 몰라. 어떤 명언들이 있는데?

엄마 한번 찾아볼까?

영지 '몸의 병은 마음에서 오고, 마음의 병은 돈으로부터 온다.', '가난은 수치가 아니다. 그러나 명예라고 생각하지는 말라.' '사람을 해치는 세 가지 원인이 있다. 그것은 근심, 말다툼, 빈 지갑이다.'

엄마 우와~ 잘 찾았네.

영지 탈무드 명언을 찾아보니까 유대인들은 돈을 엄청 중요하게 생각하는 것 같은데?

엄마 그래. 중요하게 생각하지. 사람이 사는데 돈이 없다면 어떻게 될까?

영지 정말 불편하겠지. 때로는 사는 것 자체가 힘들 수도 있을 것이고.

엄마 그래, 돈의 중요성을 누구보다 잘 알고 부자가 되기를 원하기도 하지만 무작정 돈 많이 벌고 성공하기 위해 일을 하는 게 아니라 자기가 좋아하고 잘 할 수 있는 분야에서 최선을 다하면서 많은 사람들에게 도움이 되려고 노력하는 과정에서 부자가 된 거라는 구나. 물론 그들이 돈을 버는 방법이나 돈에 대한 태도는 악독하다는 이야기를 들을 만큼 철저하기도 해.

영지 우와~ 철학적인 사람들이네? 그런데 그런 생각만 갖는다고 그렇게 대단한 부자들이 나온다는 게 믿기지 않아.

엄마 철학적인 사람? 재미있는 표현이네. 얼마 전에 읽은 '곁에 두고 읽는 탈무드'를 보니 고난과 핍박의 역사 속에서도 불굴의 의지로 지혜를 발휘하며 살아온 유대인들이 성공하는 비결은 그들만의 독특한 생활 방식과 세상을 개선할 대상으로 바라보는 독특한 관점, 그리고 세대를 걸쳐 전승해오고 있는 지혜 등이라고 해. 특히 동양에서는 돈을 멸시하는 태도를 보이면서 속으로는 돈을 숭배하는 이중적인 입장을 보이지만 유대인들은 돈을 현실적으로 바라보고 꼭 필요한 도구로 보는 입장을 취하지,

영지 그럼 유대인들은 모두 다 부자야?

엄마 좋은 질문을 해줘서 고마워. 과연 모두 다 부자일까?

영지 그렇진 않겠지? 어느 나라나 모든 사람이 부자이거나 모든 사람이 가난하지는 않으니까.

엄마 그래, 엄마도 그럴 거라 생각해. 지금은 유대인들이 대단한 성공을 거두는 부분이 주목받고 있지만 앞으로 더 알아보고 싶은 내용이기도 하단다.

02 유대인의 탁월함에는 3가지 원동력이 있다

이스라엘 창의·영재 교육 전문가이자 요즈마 글로벌 캠퍼스 총장인 헤츠키 아리엘리는 '부족함, 배움, 책'은 하나님이 유대인에게 주신 세 가지 선물이라고 말한다. 이 세 가지 요소가 유대인들이 탁월함을 발휘하도록 이끈 원동력이다.

'부족함'이 가져다 준 창의성

첫 번째 원동력은 '부족함'이다. 현대 시온주의 창시자인 테오도르 헤르츨은 '유대인이 가진 힘의 원천은 유대인이 겪었던 비참함 그 자체이다.'라고 말했다. 유대인은 기원전 6세기 이후부터 2,000년 넘게 떠돌아다니며 살아왔다. 그 과정에서 유대인들은 이루 말할 수 없는 핍박과 차별,

온갖 수탈과 죽임, 학대와 멸시를 당하며 살아왔지만 결국 살아남아 세계에서 가장 영향력 있는 민족이 되었다.

디아스포라(Diaspora, 흩어진 사람들, 팔레스타인을 떠나 세계에 흩어져 살면서 유대교의 규범과 생활 관습을 지키는 유대인을 말함) 유대인들은 하나님이 약속하신 '젖과 꿀이 흐르는 땅'을 기대했지만 그 어느 곳도 그들에게 안락한 삶을 보장해주지 않았다. 그들은 떠돌아다니면서도 그 누구도 빼앗아 갈 수 없는 생산물에 대해 생각했고, 머릿속에 들어있는 지식이야말로 누구도 뺏을 수 없는 자원임을 깨닫게 되었다. 역설적이게도 부족함을 넘어선 처절함이 그들의 창의성을 불러일으킨 원동력이 되었던 것이다. 역사상 가장 치욕스러운 패배를 안겨준 1973년 욤 키푸르 전쟁 이후 세상에 전혀 없는 혁신 조직 '탈피오트(Talpiot, "최고 중 최고"라는 의미로, 이스라엘 과학기술 전문장교를 양성하는 엘리트 프로그램)'를 만들어 낸 것처럼 유대인들의 부족함과 처절함, 패배의 절망은 오히려 동력이 되어 더 큰 성공을 거두어 낼 뿐이다.

신의 명령이라 생각하는 '배움'에 대한 열망

두 번째 원동력은 배움에 대한 열망이다. 유대인들에게 배움은 하나님의 명령이었다. 하나님의 섭리를 잘 이해하고 말씀대로 살아가려면 하나님에 대해 끊임없이 배워야 하는 것이다. 그들에게 배움은 사치스러운 여가 활동이나 출세를 위한 도구가 아니라 생존을 위한 필연적인 선택으로, 하나님을 공경하는 것은 하나님에 대해 배우는 것과 같다고 생각한다.

히브리어로 '히트 파레루'라는 말이 있다. 이 말은 '기도하다'라는 뜻으로 하나님이 하시는 위대한 일에 대해 인간이 이해하는 것은 의무이며 신에 대해 찬미하는 행위라는 것이다. 그래서 유대교를 배움의 종교라고 일컫는다. 오직 하나님의 명령을 기록한 토라와 탈무드를 이해하기 위해 글을 배우고 책을 읽었던 유대인들은 글을 읽는 것이 특정 계층의 전유물이던 고대로부터 지금에 이르기까지 누적된 엄청난 지적 성취를 거두게 되었고, 그 결과 세계 역사를 주도해왔다.

우리나라와 더불어 전 세계에서 교육열이 가장 높다는 평을 받는 유대인들은 어릴 때부터 배우기를 강조한다. 그런데 배우는 내용과 배우는 목적은 우리와 전혀 다르다. 우리나라는 배움을 성공의 도구로 삼아왔다. 그러나 유대인들은 배움 자체를 위해 배우는 사람들이다.

또한 뒤에 설명할 티쿤 올람 사상과 현대판 집단 메시아 사상을 실현시키기 위해 배운다. 티쿤 올람 사상은 '세상을 개선시킨다.'는 뜻이고 현대판 집단 메시아 사상은 '인간 스스로 협력하여 하나님이 창조하신 세상을 완성시키는 메시아가 되어야 한다.'는 사상이다. 즉, 하나님이 창조하신 미완의 세상을 인간이 배움을 통해 개선해 나가야 한다는 것이다. 그들의 이러한 배움에 대한 태도는 결론적으로 자기 자신의 성장은 물론 인류사 전반에 걸쳐 엄청난 공헌을 하게 만들었다.

토라와 탈무드로 대표되는 그들의 '책'

세 번째 원동력은 책이다. 유대인을 위대한 민족으로 만든 두 가지의 기록물이 있다. 첫 번째는 모세 오경으로 일컬어지는 '토라'이며 두 번째는 구전으로 이어져 내려오던 구전 토라를 엮은 '탈무드'이다. 토라는 시내산에서 모세에게 주신 하나님의 '율법'으로 구약성서의 창세기와 출애굽기, 레위기, 민수기, 신명기를 말한다. 토라는 유대인의 정체성을 나타내주는 위대한 기록물로 유대인들은 토라의 말씀을 지켜 행하기 위해 끊임없이 노력한다. 또 하나의 위대한 기록물인 탈무드는 하나님의 말씀인 토라를 제대로 이해하고 지켜 행하기 위해 씌여진 책이라 할 수 있다.

3~6세기 300여 년 동안 기록된 탈무드는 유대인 삶과 정신의 집합체라고 해도 과언이 아니다. 랍비들은 하나님이 주신 말씀을 하나 하나 분석해서 정확한 뜻을 이해하기 위해 힘썼다. 또한 누가 읽어도 과학적, 논리적으로 오류가 없도록 토론을 통해 서로의 의견을 조율했고 자신의 의견에 논리적인 근거를 대기 위해 증거를 찾아냈다. 유대인들은 탈무드를 통해 지식을 배우고 지혜를 발전시켜 왔다. 유대 공동체 어디를 가나 탈무드로 똑같은 내용을 함께 읽고 토론이 이루어진다는 사실은 그들이 어디에 흩어져 있든 강력한 끈으로 서로를 엮어 놓은 것 같은 유대 공동체 형성의 원동력이 되었다.

이렇듯 위대한 기록물을 평생 읽고 토론하며 자신들의 DNA에 새겨 넣고 행하는 유대인들을 보면 하나님 입장에서 어떻게 어여쁘지 않겠는가? 그들을 세계적인 민족으로 우뚝 세운 저력은 하나님 말씀을 지켜 행하기 위해 쓰여진 토라와 탈무드 때문이라 해도 과언이 아닐 것이다. 토라와 탈무드에 관해서는 뒤에(p.203 참조) 좀 더 자세히 언급해 두었다.

유대민족의 탁월함을 이끄는 요소와 같이 우리 민족의 탁월함을 이끌어 줄 요소가 있다면 무엇일까?

하브루타 토론 예시

엄마 영지야~ 그런데 유대인들이 어떻게 이런 대단한 창의성을 발휘하는 걸까?

영지 하나님이 선택한 민족이라서?

엄마 물론, 유대인들은 선택된 민족이라는 걸 굳게 믿고 있지. 그런데 믿기만 한다고 그들이 발휘하고 있는 창의성이 그냥 생기게 될까?

영지 글쎄~ 그렇지는 않을 것 같아. 엄마.

엄마 그럼 어떻게 모든 방면에서 뛰어난 영향력을 갖게 되었을까?

영지 많은 노력을 했겠지. 예를 들면 열심히 공부를 했다거나 많은 연구를 했다거나….

엄마 아마도 그렇겠지? 유대인들은 그들의 역사로 증명하듯 창의성을 불러일으키는 특별한 DNA가 있다고 해.

영지 오~ 그게 뭐야? 그런 DNA를 의학적으로 수혈받을 수 있으면 누구나 창의적이 될 수 있는 거야?

엄마 ㅎㅎ 그건 의학적인 개념이 아니란다. 그들의 역사를 통해 몸 속에, 뼈 속에 각인이 되었기 때문에 DNA라는 표현을 쓰는 거지. 출애굽 이후 계속됐던 결핍, 즉 부족함이 첫 번째 DNA이고, 부족함을 견디고 이겨내기 위해 끊임없이 배우는 자세가 두 번째 DNA야. 세 번째 DNA는 '무엇을 어떻게 배울 것인가?'에 대한 것인데 첫째도 하나님, 둘째도 하나님을 제대로 알고 배우기 위해 기록했던 토라와 탈무드 같은 위대한 책이었단다. 그 세 가지가 그들을 세계적인 민족으로 만들어준 원동력이 된 것이지.

영지 우와~ 부족함이 큰 경쟁력이 된다는 게 놀랍네. 우리나라도 비슷한 것 같아. 우리나라도 한강의 기적을 이겨낸 원동력이 유대인과 비슷하게 처절할 만큼 가난했기 때문에 가난을 극복하기 위한 노력에서 비롯되었다고 해. 옛날 어르신들은 먹지 못하고 입지 못해도 자식들을 가르쳤다고 들었어. 그런데 우리한테는 토라나 탈무드 같은 위대한 책은 없는 것 같아.

엄마 우와~ 우리 영지가 유대인과 우리의 같은 점 다른 점까지 비교하며 우리가 발전시켜 나가야 할 부분까지 이야기 해주니 너무 고맙네. 엄마가 하고 있는 일이 바로 토라나 탈무드에 견줄 수 있는 책을 만드는 거야. 동서양 고전 속에서 읽고 삶에 적용하면 좋을 내용들을 엄선해서 하브루타 토론용 텍스트를 만들고 있단다. 사람들이 동료와 함께 일주일에 한 편씩 7년 동안 토론할 수 있는 내용을 만드는 중인데, 의미 있겠지?

영지 응~ 우리 엄마 정말 대단한 일을 하시는데? 유대인들이 오로지 하나님의 말씀을 배우기 위해 토라와 탈무드로 토론하면서 전 세계 어디에 흩어져 있든 동질성을 잃지 않았잖아. 그것처럼 우리나라가 없어져도 어디서나 민족의 동질성을 잃지 않도록 하는 위대한 저작물로 만들면 더 좋겠어.

엄마 오~ 우리 영지를 통해 엄마가 하는 일의 목적을 더욱 의미 있고 정확하게 설정할 수 있을 것 같아. 엄마도 그런 책으로 엮을 수 있게 되길 바래. 정말 고마워~

03 전 세계 유대인을 하나로 묶는 공동체 문화, 디아스포라

유대인은 전 세계에 흩어져 살면서도 모든 분야에서 영향력을 행사하여 두각을 나타내고 있다. 그 원인으로 그들의 생활과 문화를 살펴보고 그들의 문화를 이해하며 우리와의 차이점을 발견하여 배우고 적용할 점을 찾아보는 것은 매우 의미가 있는 일이다.

디아스포라 공동체 문화

유대인들의 문화는 모든 부분에서 매우 독특하지만 특히 중요한 특징 중 한 가지가 디아스포라 공동체 문화이다. 유대인 공동체는 그들이 아무리 멀리 떨어져 있어도 하나로 묶어주는 단단한 결속력을 갖도록 하기 때문이다. 그 결과 2,000년 동안 나라 없이 떠돌았다는 것이 믿기지 않을 만큼 유대인은 1948년 건국과 함께 뜨겁게 하나가 되었다.

보통 나라 없이 흩어진 민족은 다음 세대로 연결되지 못하고 멸망하는 경우가 많다고 한다. 그러나 유대인은 오늘날까지 살아남았을 뿐 아니라 세계 경제를 주무르고, 각 분야의 노벨상을 휩쓸고, 미국과 같은 맹주와 어깨를 나란히 하고 있다. 그들이 정체성을 잃지 않고 전 세계 어디에 있어도 한 마음, 한 뜻으로 지켜 나갈 수 있었던 비결은 단연코 토라와 탈무드 때문이라고 볼 수 있다. 그들은 전 세계에 흩어져 있어도 같은 날 같은 시간에 탈무드의 같은 페이지를 읽고 있다. 정말 기적과도 같지 않은가?

특히 정통파 유대인들은 자녀들이 TV나 컴퓨터에 노출되지 않도록 각별히 노력한다. 그들은 13세 성인식을 치르기 전에 율법을 암송하고 탈무드 내용을 공부하며 유대인의 역사에 대해 공부한다. 이런 패턴은 전 세계 어디를 가나 유대인 가정에서는 보편적으로 행해지는 모습인 것이다. 유대인들은 오래전부터 자녀를 가르치는 방법에 대해 유대 격언집(Sayings of the Fathers) 제 5권 부록에 기술된 대로 단계별 가르침을 실천해 왔다. 즉, '유대인은 누구든지 일생 동안 가르쳐야 한다. 먼저 5세 때는 성경을 가르치고 10세 때는 미쉬나를, 13세 때는 계명들을, 15세에는 탈무드를 가르쳐야 한다. 20대에는 직업을 찾도록 하고, 30대에는 세상을 움직일 힘을 갖고, 40대에는 선생의 총명, 50대에는 지도력, 60대는 다음 세대에 위임할 수 있도록 반복해서 교육하라.'는 것이다. 이것은 전 세계 어디에서나 구조화된 방식으로 교육을 할 수 있는 중요한 근거가 되었다.

디아스포라(유대 공동체) 수칙 7가지

전 세계 유대인을 묶어주는 수칙이 있다. 로마시대 제2차 이산 이후 유대인 랍비들은 종족을 보존시키고 유대인의 동질성을 유지시키기 위해 재산은 모두 빼앗겨도 토라와 탈무드를 공부할 수 있는 토대를 마련하기 위해 힘썼고 디아스포라 수칙을 제정하여 모든 유대인 공동체가 준수하도록 하였다. 디아스포라 수칙은 일곱 가지 중요한 규정으로 되어 있다.

첫째, 유대인이 노예로 끌려가면 인근 유대인 사회에서 7년 안에 몸값을 지불하고 데려와야 한다. 둘째, 기도문과 토라 독회를 일률화하여 통일한다. 셋째, 만 13세 이상 넘은 남자가 10명 이상 있으면 반드시 종교 집회를 가진다. 넷째, 남자 성인 120명이 넘는 공동체는 독자적인 유대인 사회센터를 만들고 유대 법을 준수해야 한다. 다섯째, 유대인 사회는 독자적인 세금 제도를 만들어 거주 국가의 재정적인 부담을 받지 않도록 한다. 그리고 비상시에 쓸 예금을 비축해 둔다. 여섯째, 자녀 교육을 하지 못할 정도로 가난한 유대인을 방치하는 유대인 사회는 유대 율법에 위배된다. 유대인이라면 누구든 유대인 사회의 도움을 청하고 받을 권리가 있다. 일곱째, 유대인 사회는 독자적인 유대인 자녀의 교육 기관을 만들어 유지하고 경영할 의무가 있다. 가난한 유대인 가정의 아이들을 무료로 교육시키고, 인재 양성을 위한 장학 제도를 운영해야 한다. 이러한 수칙은 기원전부터 지금까지 유대 공동체 의식으로 이어져 내려오고 있다.

유대인이라면 누구나 지켜야 하는 공통 수칙을 통해 정체성을 지켜낸 유대민족처럼 한민족의 정체성을 지켜나갈 공통 수칙을 정한다면 무엇일까?

하브루타 토론 예시

엄마 영지야~ 디아스포라 수칙 들으니까 어때?

영지 정말 부러운 제도라는 생각이 들어.

엄마 오~ 그래? 왜 부러웠어?

영지 만약 내가 미국으로 유학을 갔는데, 아무도 아는 사람도 없고 도와줄 사람도 없을 거잖아. 그럴 때 믿고 찾아가서 도움을 요청할 수 있다면 얼마나 좋을까?

엄마 우리나라 공동체도 있지 않을까?

영지 우리는 대사관 밖에 없을 걸?

엄마 한인 교회 같은 곳에서도 도움을 줄 수 있지 않을까?

영지 그런데 유대인 공동체같이 서로 돕는 분위기는 아닐 것 같아.

엄마 왜 그렇게 생각했지?

영지 유대인들은 의무적으로 디아스포라 수칙 같은 걸 정해놓고 어디서나 지키도록 한 건데, 우리는 의무가 아니라서 돕고 싶으면 돕고 돕기 싫으면 돕지 않고 마음대로 아닐까?

엄마 아무래도 결속력은 떨어질 수도 있겠지? 의무적으로 지키게 하는 것과 자율적으로 룰을 만들어서 공동체를 운영하는 것과 어떤 차이가 있을까?

영지 아무래도 의무적으로 했기 때문에 유대인들이 2000년 동안 떠돌아 다녔어도 유지된 것 아닐까? 기분 내키는 대로 한다면 유대민족이 어쩌면 벌써 없어졌을지도 모를 것 같아.

엄마 오~ 좋은 생각이네. 그럼 안정화되고 잘 지켜지기 시작하면 자율적으로 운영하는 건 어떨까?

영지 내 생각에는 후대로 가면서 또 변질될 수 있어서 꼭 지켜야 하는 수칙은 이렇게 정해놓고 지켜 나가는 게 좋을 것 같은데? 크게 변화를 줘야 할 때는 회의를 거쳐서 변화를 줄 수는 있어야겠지만~

엄마 와~ 민주적인 절차인 걸? 영지 말대로 그런 절차를 통해 지금의 수칙이 정해진 건 아닐까 싶네.

영지 유대인은 지켜야 할 규칙이 정말 많은 것 같은데 그걸 어떻게 다 기억할까?

엄마 그러게 말이야.

04 유대인들이 목숨 걸고 지켰던, 안식일

유대인은 금요일 해질 무렵부터 토요일 해질 무렵까지를 성스러운 '안식일(安息日)'로 정해 거룩하게 지내며 어떤 일도 하지 않는다. 안식일은 '사바스(Sabbath)'라고 불리며, 히브리어로 '그만 두다'라는 의미를 담고 있다. 안식일은 창세기에 하나님이 6일 동안 천지를 창조하시고 제 7일에는 쉬었다는 기록에서 비롯되었다. 또한 모세에게 주신 10계명에도 기록되어 있다. 그들은 일주일 내내 일을 해도 굶어 죽는 경우가 많았던 고대로부터도 이 율법을 철저히 지켜왔다. 이는 하나님의 명령으로 천지를 창조하신 하나님을 기억하고, 인간 중심의 교만함에 빠지지 않도록 경계하며 백성들끼리 교제하는 날로 삼으라는 것이다. 유대인은 안식일을 어기는 자는 신의 명령을 어긴 자로 여겨 가차 없이 죽이기까지 했다.

안식일과 관련해 놀라운 사건이 있었는데, 1967년 벌어진 제3차 중동

전쟁(6일 전쟁)에서 승리를 앞둔 이스라엘이 안식일을 지키기 위해 자발적으로 휴전해서 6일 만에 전쟁이 끝났다고 한다. 이런 사실만 봐도 유대인이 얼마나 안식일을 중요하게 생각하는지 알 수 있다. 한편 1965년 미국 메이저리그 야구의 월드시리즈에서 유대교의 축일인 '욤 키푸르(대속죄일)'를 지키기 위해 첫 게임 선발 등판을 포기한 샌디 코팩스라는 투수가 있었다. LA 다저스의 에이스이자 당시 최고의 투수로 명성이 자자했던 유대인 샌디 코팩스는 유대교의 전통을 지키기 위해 월드시리즈의 첫 번째 경기 선발투수의 명예를 포기함으로써 전 세계 유대인들이 스스로를 자랑스럽게 여기도록 만들었다.

안식일에 하지 않는 것과 꼭 하는 것

안식일에는 특히 불을 켜지 못한다. 그래서 유대인들은 음식을 해먹을 수도 없고 엘리베이터도 탈 수 없으며 전기 스위치를 켜거나 끌 수 없고, TV나 전화도 사용하지 않으며, 차도 탈수 없다. 이 날은 노동은 물론 놀이, 여행도 금지되며 돈을 다룰 수도 없다. 일과 관련된 어떠한 행위도 허락되지 않고, 오직 가족과 휴식을 취하는 것만 허용한다. 미쉬나에는 불을 사용하는 39가지 노동의 종류를 들어 금지하고 있다.

유대인들은 이처럼 안식일을 거룩히 여겨 철저히 지키기 때문에 유대 가정에서는 이 날을 위해 특별한 정성을 들인다. 집을 깨끗이 청소하고 안식일에 꼭 먹어야 하는 할라 빵과 생선요리를 비롯해 정성들인 식사를 미리 준비한다. 몸을 청결하게 목욕하고 제일 좋은 흰옷을 입는다. 유대인은 안식일 식탁을 특별히 엘터(Altar, 제단이라는 의미)라 부르며 하나님께 드리는 예배로 진행한다. 식사를 시작하기 전에 남편은 성서에서 아내에 대한 찬미의 말을 찾아 읽고, 자녀에 대한 축복 기도로 시작한다. 그러고 나서 다 함께 합심 기도를 드리고 평화를 기원하는 찬양을 하며, 다 같이 어머니를 위해 잠언 31장 10절-31절에 나오는 현숙한 여인에 대한 찬송가를 부른다. 또한 예배 도중 이웃을 위한 모금을 하며 자선에 대한 책임의식을 기른다. 유대인들은 안식일을 철저히 지키기 위해 샤베스 고이(일을 대신 해주는 사람)를 고용하기도 한다.

본격적으로 음식을 먹기 전에는 다시 손을 씻고 서로 덕담을 나누며 감사의 말과 사랑을 나눈다. 이렇게 예배와 찬양, 식사가 어우러지다 보니 유대인은 식사를 오래하는 것으로 유명하다. 보통 두 시간 가량 식사를 하며 성경 공부도 하고 탈무드 내용으로 토론을 하기도 한다. 안식일에는 일과 관련된 이야기는 일체 할 수 없지만 아이들의 공부는 도와줄 수 있기 때문이다. 안식일 식탁을 통해 유대인 아이들은 자제심과 절제, 감사와 자선, 유대인의 정신 등을 배우며 공동체 의식을 전승한다. 유대인을 지탱하는 두 개의 기둥인 가정과 배움(종교)이 안식일의 중심을 이루는 것이다.

안식일에서 비롯된 일요일

유대인들이 철저히 지켜온 안식일이 기독교에 이르러서는 일요일로 바뀌었다. 우리가 열심히 일하고 하루(지금은 이틀을 쉬고 있다)를 쉴 수 있는 것은 유대인들이 죽음을 불사하고 지켜온 안식일에서 비롯된 것이다.

그런데 유대인의 안식일이 하루 빠르다는 것이 놀랍게도 정보화 사회가 되면서 유대인들에게 커다란 부를 가져다준 중요한 이유 중의 하나가 되었다. 전 세계 모든 나라와 달리 토요일에 쉬고 하루 먼저 일요일에 업무가 시작되다 보니 앞선 정보를 먼저 습득할 수 있는 것이다. 요즘 같은 초스피드 시대에 하루 먼저 정보를 접한다는 것이 어떤 결과를 가져오는지는 아마 경제를 잘 모르는 사람이라도 쉽게 이해할 수 있을 것이다.

이렇게 하나님의 명령을 지키기 위해 행한 모든 것들이 역설적으로 그들에게 지적 성취와 큰 부를 가져다주고 있기에 '하나님이 택한 백성'이라는 선민사상이 그들에게 더욱 깊게 뿌리 내릴 수밖에 없을 것이다. 유대인은 안식년도 안식일처럼 지켜왔는데, 노예조차 이 율법을 적용시켜 7년을 일하면 해방시켜 주었다. 또한 50년이 되는 해는 희년이라 해서 잘못이 있더라도 모든 것을 용서해주고 빚이 있는 사람은 빚조차 탕감해주었다.

유대인들의 중요한 절기들

안식일과 함께 유대인들이 중요하게 생각하는 절기는 다음과 같다.

첫째, 유월절이다. 칠칠절, 초막절과 함께 유대인의 3대 명절로 유대인의 99%가 지키고 있는 절기로 알려져 있다. 유월절은 애굽에서 종살이를 끝내고 탈출했던 출애굽 사건을 기념하는 날로 유대인들은 유월절을 잊는 것은 이스라엘을 포기하는 것과 같다고 말한다.

유월절은 유목민의 명절인 '하그 하-페사흐(어린 양의 축제)'와 '하그 하-마촛(농업인의 축제)'이 출애굽 사건을 통해 결합된 것이다. 페사흐(pasach)는 하나님이 모든 애굽의 장자를 치면서 이스라엘 장자의 집이 넘어간 사건을 기념하는 것이고, 하그 하-마촛은 무교병 축제로 출애굽 당시 발효되지 못한 빵 반죽을 옷에 싸서 메고 나온 데서 유래했다.

유월절은 성경말씀 대로 7일 동안 지키는데, 외부에 살고 있는 유대인들은 8일 동안 지키고 있다. 유월절 풍습으로는 이스라엘 장남들은 살아남은 데 감사하는 의미로 금식을 한다. 그리고 누룩이 들어있지 않은 무교병(마차, matza)을 제외한 유월절 금지 음식을 소유하거나 먹게 되는 것을 방지하기 위해 대청소를 한다. 유대인들은 누룩을 넣지 않은 무교병을 먹으며 교만해지는 것을 경계하고 쓴 나물을 소금물에 찍어 먹으며 애굽의 노예생활을 잊지 않고 기억한다.

둘째, 칠칠절이다. 맥추절, 초실절, 샤부옷(Shavout) 등으로도 불린다. 늦 봄, 밀을 수확하는 시기의 농업 명절로 '밀의 첫 열매'를 드리는 날이다. 히브리력으로 시완월(양력 5~6월) 여섯 번째 날이자 유월절 둘째 날부터 일곱 번째 주가 되는 날이다. 유대인들은 칠칠절을 유월절의 마지막날로 보며, 모세가 시내 산에서 토라를 받은 날로 의미를 부여하고 큰 축제를 연다. 유대인의 성인식 바르미쯔바도 칠칠절에 행해진다.

셋째, 초막절이다. 3대 명절중의 하나이다. 유대인이 광야에서 초막

(Sukka)을 짓고 생활했던 것을 기념하는 절기이다. 레위기 23장 42~43절에 '너희는 이레 동안 초막에 거주하되 이는 내가 이스라엘 자손을 애굽 땅에서 인도하여 내던 때에 초막에 거주하게 한 줄을 너희 대대로 알게 함이니라.'라고 초막절에 대한 구체적인 언급이 나와 있는데, 유대인들은 지금도 말씀대로 일주일 동안 허름한 초막을 짓고 생활하며 광야 시절을 기념하기도 한다.

유대인들은 시트론 열매, 종려나무, 화석류나무, 시내버들 네 가지 식물을 들고 7일 내내 축복기도를 한다. 유대인의 3대 명절인 유월절, 칠칠절, 초막절에는 모든 유대인 남자들이 예루살렘 성전으로 순례를 가야 한다. 그래서 3대 명절을 유대력에서는 '순례자의 축제'로 표시한다.

넷째, 대제일이다. 유대력으로 새해는 양력 9~10월에 시작된다. 대제일은 신년(Rosh Hashana)과 대속죄일(Yom Kippur)을 말한다. 신년(Rosh Hashana)은 한 해의 머리로 불리며 티슈리월 1일~2일(양력 9월말쯤) 이틀 동안 행해진다. 다른 절기와 달리 역사적인 사건과 연결되어 있지 않은 순수한 종교적 명절이다.

유대인들은 하나님이 한 해 동안의 행동을 신년에 심판하고 대속죄일에 결과를 발표한다고 생각한다. 그래서 대제일을 '경외의 날들'로 부르며 자신에 대해 반성하면서 거룩함을 지키려 노력한다. 특히 신년 한 달 전인 엘룰월 한 달 동안에는 쇼파르(양각나팔)를 불며 경외의 날이 다가옴을 기억하고 각별히 행동을 조심하도록 한다. 유대인들은 대속죄일 하루 동안 금식을 한다.

다섯째, 하누카다. 하누카(Hanuka : 다시 바침)는 빛의 절기라고도 한다. 기원전 165년 경 시리아 왕 안티오쿠스 4세가 그리스 우상 숭배를 강요하며 유대교의 풍습을 금지했다. 이에 반발한 유대인 제사장의 아들 마카비 사형제가 그리스인들을 물리치고 예루살렘 성전을 되찾아 등대에 불을 밝히고 성전을 다시 봉헌했던 날을 기념하는 명절이다. 성전 탈환 후 우상을 허물고 다시 재건하는 데 8일이 걸렸기 때문에 8일 동안 하누카를 지킨다.

탈무드 내용에는 하누카에 관련된 이야기가 나온다. 성전 탈환 후 메노라에 불을 밝히려 했지만 모든 기름병이 더럽혀져 있었고, 간신히 봉인된 기름병 하나를 발견했지만 겨우 하루만 불을 밝힐 수 있는 양이었다. 그런데 놀랍게도 등대는 하루치 기름으로 8일 동안 꺼지지 않았고 성전 재건을 이룰 수 있었다. 유대인들은 이 기적 같은 사건을 기념하며 하누카 절기를 8일 동안 지키게 되었다고 한다.

여섯째, 부림절이다. 부림절(Purim)은 기원전 15세기 경 에스더가 사촌 오빠인 모르드개와 함께 페르시아 왕의 총리였던 하만으로부터 유대인을 구해 낸 역사적인 사건을 기념하는 절기이다. 부림(Purim : 제비뽑기)은 하만이 유대인을 학살하기 위한 날짜를 정할 때 제비뽑기를 했던 데서 유래했다. 재미있는 것은 부림절 회당에서 두루마리로 된 에스더서(메길라 : Megilla)를 읽다가 '하만'이라는 이름이 나오면 딱딱이 악기(grogger) 소리를 내며 야유를 퍼붓는다. 부림절은 적을 물리치고 승리한 기쁜 날이어서 포도주를 마시고 즐겁게 파티를 하며 술에 취하는 것을 권장하기까지 한다.

유대인이 목숨과 같이 중요하게 생각하는 안식일처럼 나 또는 우리 가정에서 꼭 지켜야할 규칙을 정해 놓은 것이 있는가?

하브루타 토론 예시

영지 유대인은 들을수록 특이한 점이 많은 것 같네.

엄마 그런 것 같니?

영지 응. 성경말씀을 안 지키면 목숨이 달아난다고 생각하고 요즘 같은 시대에도 철저히 지키고 있다는 게 놀라운 일이야.

엄마 하나님이 살아 계시다는 것을 제대로 믿는 거지. 요즘 같은 문명시대에 들으면 더 놀라게 될 유대인의 안식일 이야기를 해줄까? 우리가 지금 쉬는 일요일 말이야. 그게 누구 덕분인지 아니?

영지 또 유대인 덕분인 거야?

엄마 맞아. 지금은 일요일은 물론 토요일도 쉬는 걸 당연하게 누리는 권리로 여기지만 사실 유대인들이 목숨을 걸고 지킨 안식일에서 유래된 거란다.

영지 정말? 우와~ 쉬기 위해 목숨을 걸었다는 말이야?

엄마 쉬기 위해 목숨을 걸었다기 보다 하나님의 명령을 지키기 위해 목숨을 건 거지. 하나님이 엿새 동안 천지를 창조하시고 하루를 쉬시면서 인간에게 명령하시길 '너희는 이날을 안식일로 여겨 거룩하게 보낼지어다.' 하셨거든.

영지 그런데 목숨을 걸었다는 건 무슨 말이야?

엄마 고대로부터 이 율법을 지켜왔는데, 잠시도 쉴 틈 없이 일을 해야 하는 노예여도 이 율법을 지켰으니 목숨을 건 거지. 안식일을 지키지 않으면 율법을 지키는 사람들로부터 가차 없이 죽임을 당하기도 했단다.

영지 우리가 누리고 있는 주일에 그런 깊은 뜻이 담겨 있는지 몰랐어. 그럼 안식일에는 쉬기만 하면 되는 거야? 워낙 규칙이 많은 민족 같아서 그냥 편히 쉬지도 못할 것 같은데?

엄마 ㅎㅎ 유대인들은 '우리는 성경말씀에서 하지 말라는 것과 하라는 것 613가지만 지키면 되기 때문에 정말 쉽고 자유롭답니다.'라고 한단다.

영지 오! 마이갓~ 정말 어메이징하다.

엄마　안식일에 지켜야 할 일이 많지. 제일 중요한 것은 일을 할 수 없다는 거란다.

영지　일을 안 하는 건 우리한테 좋은 것 아닌가? 쉴 수 있는 건데 왜 지키기 어렵다는 거지?

엄마　일이 남아 있어도 일을 할 수 없고, 제일 중요한건 불을 켜는 것도 금지되어 있단다. 그래서 안식일 때는 자동차를 운전할 수도 없고 엘리베이터를 탈 수도 없고 요리를 할 수도 없고 스위치를 켜거나 끌 수도 없어. 멀리 여행가는 것도 금지되어 있어서 오직 가족끼리 하나님을 기념하며 휴식을 취해야 하는데 쉬운 일일까?

영지　우와~ 음식도 할 수 없고 불도 켤 수 없으면 밥은 어떻게 먹고 환해서 어떻게 편히 잘 수 있어?

엄마　ㅎㅎ 그것 봐~ 생각처럼 쉬운 게 아니지? 안식일에 먹을 할라 빵을 빚어 구워 놓고 먹을 음식들을 미리 만들어 두고 불을 켜거나 끌 수 없기 때문에 촛불을 켜두고 켜거나 끌 수 없게 커버를 씌워둔단다.

영지　그럼 가족끼리 뭘 하고 지내는 거야?

엄마　함께 탈무드 내용으로 토론하며 지내지.

영지　일 할 수 없다면서? 공부는 일이 아닌가?

엄마　유일하게 허락되는 것이 자녀 교육이라는 구나.

영지　정말 들을수록 놀라움의 연속이네~

05 유대인 의식에 등장하는 중요한 상징 7가지

유대인들은 하나님의 말씀을 지키기 위해 여러 가지 의식을 행한다. 이러한 유대 의식에 등장하고 있는 것에는 유대인들이 중요하게 생각하는 것들이 있다. 의미가 특별한 것들 몇 가지를 살펴보자.

키파

먼저 키파(Kippah)란 유대인들이 하나님에 대한 경외심을 표현하는 도구로 하늘에 머리를 보이지 않고 가리기 위해 쓰는 모자다. 처음에는 성전에서 예배를 드릴 때만 썼는데 최근에는 일상적으로 착용하는 경우도

많다. 예루살렘 '통곡의 벽'이나 야드 바셈 홀로코스트 추모관 같은 성소를 방문하면 남자들은 외국인은 물론 국빈이어도 반드시 키파를 써야 하기 때문에 성소 입구에 종이로 된 키파가 마련되어 있다고 한다. 키파와 함께 유대인 특유의 긴 수염과 구레나룻 역시 레위기 19장 27절에 기록된 '수염 끝을 손상시키지 말라'는 계명을 지키는 것이다. 특히 유대교의 하시딤(hassidim) 종파 유대인은 아이들의 구레나룻조차 건드리지 않는다고 한다.

테필린

테필린(Tefillin)은 신명기 6:4-9에 나오는 '말씀을 마음에 새기고, 그것을 손목에 매어 기호를 삼으며 미간에 붙여 표로 삼으라'는 명령을 지키기 위해 사용되는 것으로 바팀(Batim)이라고 부르는 말씀 담는 상자와 레초웃(Retsuout)이라는 가죽 끈이 연결된 도구다. 보통 성인식을 치르기 1년 전쯤 미리 하나를 구입해 연습을 하기도 하며, 성인식 때 랍비로부터 수여를 받는다.

성년이 된 성인 남자는 신명기 6장 7절 말씀에 따라 테필린을 이마와 팔에 붙이고 하루 세 번 기도를 해야 한다. 머리에 붙이는 테필린 상자에는 네 개의 분리된 공간이 있는데 네 개의 말씀 구절(Scroll)이 각각 하나씩 들어가고, 팔에 붙이는 테필린에는 네 개의 말씀 구절이 한 곳에 쓰여져 담겨있다. 테필린에 담긴 네 가지의 말씀구절은 Kaddesh Li (출애굽기 13:1-

10), VeHayah Ki Yebi'akha (출애굽기 13:11-16), Shemang (신명기 6:4-9), VeHayah Ngim Shamoang (신명기 11:13-21)이다.

머리에 붙이는 테필린 상자가 네 개의 공간으로 나뉜 것은 '다양한 관점'을 상징하고, 팔에 붙이는 테필린 상자가 하나의 공간인 것은 '관점은 다르더라도 실천은 통일되어야 한다.'는 것을 상징한다. 즉, '관점은 다르더라도 실천은 하나로!'라는 말로 설명할 수 있다. 정통파 유대인들은 성인이 된 이후부터 테필린을 몸에 붙이고 살았다고 하는데, 씻거나 옷을 갈아입을 때 불편함이 이루 말할 수 없이 컸기 때문에 지금은 기도할 때만 이마와 팔에 두른다고 한다.

탈릿

탈릿(Tallit)은 기도보를 말한다. 탈릿의 의미는 '하나님이 주신 모든 계명을 지킨다.'는 것으로, 유대인들은 이것을 늘 잊지 않도록 몸에 두르고 기도를 한다. 기도 보 네 귀퉁이에는 '찌찌트'라고 하는 술이 달려있는데 이것 역시 민수기 15:37-41절에서 명하신대로 '기도할 때마다 술을 보며 계명을 기억하여 지키며 욕심을 버려야 한다.'는 말씀을 지키기 위한 장식이다. 찌찌트가 달린 기도보 탈릿을 몸에 두르는 이유는 외부로부터 방해받지 않고 오롯이 기도에만 집중하도록 하기 위함이다. 유대인들은 보통 탈릿을 몸에 감기 전에 시편 104:1-2절 말씀 '내 영혼아 여호와를 송축하라. 여호와 나의 하나님이여, 주는 심히 위대하시며 존귀와 권위로 옷 입으셨나이다. 주께서 옷을 입음 같이 빛을 입으시며 하늘을 휘장 같이 치시며'를 음송한다고 한다.

테필린과 탈릿은 결혼하지 않은 남자나 여자에게는 의무화 되지 않는다. 그러나 다소 융통성이 있는지 랍비에 따라 여자에게도 테필린과 탈릿을 적극 권유하는 랍비도 있고, 반대로 철저히 금하는 경우도 있다고 한다. 어찌됐든 이런 작은 전통도 말씀에 따르며 지키는 것을 보면 유대인들이 얼마나 철저히 말씀을 지키려 노력하는지 잘 알 수 있다.

메노라

메노라(menorah)는 유대인들이 8일간의 하누카 축제의식에 사용하는 여러 갈래로 된 큰 촛대를 말한다. 보통 '12지파 메노라'라고 부르며 앞뒷면에 12지파의 상징을 나타내는 문양이 새

겨져 있는 경우가 많다. 7개의 촛대는 7일간의 천지창조를 뜻하고, 조금 높이 솟은 가운데 촛대는 안식일을 의미하는데, 첫날부터 하나씩 불을 밝혀나간다. 하누카 축제 때는 탈무드 내용대로 9개의 촛대를 주로 쓴다.

탈무드에는 부정을 타지 않은 하루 분량의 기름으로 새 기름이 생길 때까지 어떻게 8일 동안이나 촛대가 성전에서 불탔는지에 대한 이야기가 나온다. 하누카(Hanukka)란 우상숭배로 더럽혀진 예루살렘 제2성전이 하

나님께 재 봉헌된 것을 기념하기 위한 유대인의 절기다(12/25~1/1 8일). 하누카 때는 메노라로 촛불을 밝히고, 선물을 교환하며, 어린이들은 전통 놀이를 한다.

메주자

메주자(Mezuzah, 문설주)란 유대인들이 하나님에 대한 의무를 잊지 않기 위해 성경의 신명기 6장 4-9절(쉐마) 말씀을 양피지에 적어서 돌돌 말아 담은 후 대문의 오른쪽에 문패처럼 달아놓은 장식을 뜻한다. 메주자의 첫 번째 단어인 '들으라(쉐마)'를 따서 메주자를 쉐마라고 부르기도 한다. 메주자는 반드시 양피지에 손으로 써야 하며 앞면에 '샤다이(이스라엘의 문들을 보호하는 자라는 뜻)'라는 글자를 새겨 넣는다. 유대인들은 대문을 통과할 때마다 메주자를 만지면서 '하나님이 너의 출입을 지금부터 영원까지 지키시리로다(시편 121장 8절).'라는 기도를 한 뒤 메주자를 만진 손을 입으로 가져가 간접적으로 입맞춤을 하며 하나님께 경의를 표한다.

다윗의 별

다윗의 별(Star of David, 솔로몬의 인장)은 유대교의 상징으로써 이스라엘 국기에도 담겨 있다. 탈무드에는 기원전 930년경 다윗과 그의 아들 솔로몬이 다윗의 별로 악마를 쫓아내고 천사를 소환했다는 내용이 나온다. 이후 다윗의 별은 '다윗의 방패(Magen David)'로도 불리게 되었다. 다윗의 별에서 정삼각형은 불과 남자 성기, 긍정 등 양기를 뜻하고, 역삼각형은 물과 여자 성기, 부정 등 음기를 의미한다.

즉, 다윗의 별은 정삼각형과 역삼각형의 결합을 통해 불과 물, 남성과 여성, 긍정과 부정의 결합을 통한 음양의 조화를 상징한다. 다윗의 별의 유래는 명확하지 않으나 유대인의 상징이 된 것은 17세기 프라하 공동체의 공식 인장과 기도서에 사용되면서 부터이다. 이후 시온주의 상징이 되었다가 1948년 건국과 함께 이스라엘 국기에 새겨지게 되었다.

양각 나팔

양각 나팔(쇼파르, Shofar)은 숫양의 뿔로 만든 구부러진 나팔로 3천년 이상 이어져 내려오며 유대교를 상징하는 악기다. 양각 나팔은 소리가 멀리 퍼지는 특징을 갖고 있어 전쟁 등 큰 사건을 알리거나 백성을 소집하는 신호기로 사용했으며, 유대인들이 기쁨을 선포하는 희년(50년)이 왔음을 알릴 때도 사용한다.

양각 나팔은 성경 책 곳곳에 자주 등장하는데 특히 여호수아가 여리고

성벽을 무너뜨렸을 때, 솔로몬 왕을 비롯한 이스라엘 왕 대관식 등에 불었고, 이스라엘 대통령 취임식에서도 부는 것으로 알려져 있다.

쇼파르는 양의 뿔로 만들어져 모양과 색깔, 길이 등이 제각각인데 장식을 덧대 멋있게 모양을 낸 것들도 많다. 쇼파르는 이스라엘 역사와 유대인의 삶에 아주 중요한 의미로 쓰여지는 악기로 지금도 축일, 속죄일 등에 유대인 예배당에서 연주된다. 쇼파르는 기쁠 때나 슬플 때 항상 유대인과 함께 한 악기다.

유대인 기념관에 방문할 때 비신자도 키파를 쓰도록 하는 것을 어떻게 생각하는가?

하브루타 토론 예시

영지 엄마 그런데 성인식 순서를 보니까 랍비가 테필린을 수여한다고 되어 있네? 테필린이 뭐야?

엄마 먼저 질문해주니까 너무 좋은 걸? 중간에라도 후츠파 정신을 발휘해서 질문 많이 해주면 좋겠어~

영지 알았다구요~

엄마 유대인 성인 남자는 테필린을 착용해야 하는데 신명기 6:4-9에 '말씀을 마음에 새기고, 그것을 손목에 매어 기호를 삼으며 미간에 붙여 표로 삼으라'고 한 명령을 지키기 위해 사용하는 거란다. 말씀을 넣은 테필린을 이마에 붙이고 팔에 감고 하루 세 번 기도하는 거지.

영지 남자만? 그럼 여자는?

엄마 유대인은 남성중심 사회란다. 여자한테는 강요하지는 않는다고 해.

영지 아니, 그렇게 발달한 나라에서 남녀평등에 위배되는 풍습을 지키다니…. 그건 좀 나쁜 풍습인 듯?

엄마 유대인들은 오로지 말씀 중심으로 살기 때문에 성경에 근거해서 그렇게 하는 거야. 그런데 원래는 13세 이후부터는 가죽 끈과 통으로 된 말씀 담는 테필린을 몸에 매달고 살았어야 하니 얼마나 불편했을까? 지금은 많이 완화되어 기도할 때만 착용한다는 구나.

영지 어쨌든 차별이 심한 것 같아서 맘에는 안 들지만 정말 말씀을 목숨처럼 중요하게 생각하는 민족인 건 사실이네.

엄마 그렇지? 테필린 말고도 유대교는 의식을 중요시해서 성소에 방문할 때는 누구나 머리를 가리는 '키파'라는 것을 착용해야 해. 외국 귀빈이 와도 말이지.

영지 이 그림에 보니까 보자기도 둘렀네?

엄마 응~ 잘봤어. 탈릿이라는 기도보야.

영지 아~ 성당에서 쓰는 기도보 같은거?

엄마 응 비슷한데 성당에서는 누가 주로 쓰지?

영지 여자들이 쓰는 것 같은데?

엄마 응 그렇지. 유대교에서는 여자들한테는 의무화 하지 않고 남자들은 의무적으로 탈릿을 두르고 기도한다고 해.

영지 그것도 또 차별이네?

엄마 ㅎㅎ

06 코셔 식사법으로 지켜낸 유대인의 정체성

유대인의 음식에 관한 율법(카샤룻, Kashrut)에는 먹어도 되는 음식과 먹어서는 안 되는 음식을 구분하고 있다. 캬샤룻은 히브리어로 '허락된 것'이란 의미인데, 현재 먹어도 되는 음식을 뜻하는 '코셔(Kosher)'라는 말은 카샤룻이 변한 말이다. 먹을 수 없거나 사용할 수 없는 것은 '트레파(Trayfa : 찢어졌다)'라고 하여 구분한다. 카샤룻에는 코셔 음식이 어떤 것인지, 혼합해서 먹어도 되는 음식, 먹는 순서, 금기, 허용 등을 세밀하게 다루고 있다.

유대인이 음식을 구별해 먹었기 때문에 더 건강해졌다는 증거는 없다. 유대인들은 율법을 엄격히 지키기 때문에 식사법을 왜 지켜야 하는지에 대해 끊임없이 의문을 갖고 질문했다. 그 중 가장 타당한 이유로 제시된 것이 식욕을 다스리도록 하는 것은 욕구를 절제하도록 훈련하는 것이고 삶의 목적이 먹고 마시는 것이 아님을 깨닫도록 하는 것이라는 결론에 이르렀다. 또한 유대인은 식사법을 지킴으로써 이방인과 함께 식사하고 교제하며 섞이지 않도록 할 수 있었고 유대민족을 지켜낼 수 있었다고 한다.

먹을 수 있는 코셔 음식 이야기

카샤룻에 따르면 채소와 과일, 곡류는 모두 코셔다. 단, 벌레 먹은 것은 예외다. 육류의 경우 굽이 갈라진 동물이나 되새김질 하는 것만 먹을 수 있다. 소와 양, 염소, 사슴은 먹을 수 있지만 말과 낙타, 당나귀는 굽이 안 갈라져서, 돼지는 되새김질을 하지 않아서 먹을 수 없다. 조류의 경우 닭과 칠면조, 집오리, 비둘기 등의 가금류는 먹을 수 있지만 야생조류나 독수리, 매, 부엉이, 올빼미, 조롱이 등 육식성 맹금류는 먹을 수 없다. 날기도 하고 기기도 해서 분류가 뚜렷하지 않은 것도 먹지 못한다. 어류는 지느러미와 비늘이 있어야 먹을 수 있다. 우리가 흔히 먹는 새우와 조개, 상어, 장어, 굴, 오징어, 성게, 조개류 등은 코셔가 아니라 먹을 수 없다.

코셔인 육류의 경우에도 '어린 양을 그 어미의 젖으로 삶아서는 안 된다'는 성경 말씀에 따라 우유나 치즈 등 유제품과는 함께 먹으면 안 된다. 우유와 고기를 섞는다는 말은 어떤 의미일까? 예를 들어 닭고기가 주 메뉴고 디저트로 아이스크림을 먹는다면 고기와 우유를 함께 먹는 것이므로 금지된다. 하지만 고기와 우유를 먹는 사이에 6시간 이상의 간격을 두면 괜찮다. 육류도 아니고 유제품도 아닌 '중립'이란 뜻의 파르베(pareve)에 속하는 물고기와 과일, 채소 등은 언제 먹어도 상관이 없고 어떤 것과 섞어 먹어도 된다.

코셔 음식이 되려면 조리 과정에서도 유대교 율법에 따라야 한다. 도살할 때는 유대교 랍비의 입회와 수의사의 집도 아래 특수한 칼을 사용해야 하며, 기계는 절대 사용할 수 없다. 도살 후에는 소금으로 문질러서 피를 빼고 물에 세 번 담가 소금기를 뺀 후에 꼼꼼히 살펴서 심사관의 인증을 받아야 한다.

코셔 계율은 구약 성서와 탈무드, 특정 지역의 식습관 등이 모여서 유래된 것이다. 코셔 전통이 현재까지 지켜지는 이유에 대해서는 전문가 마다 의견이 조금씩 다르다. 예를 들어 돼지고기는 충분히 가열되지 않은 것을 먹었을 때 병에 걸리기 쉽고, 상하기 쉬워서 저장하기 어렵다. 돼지는 몸집이 커서 이동시키기 어렵고, 물과 사료도 많이 먹는 편이며, 병균이 많아서 질병을 옮길 가능성이 크다. 소처럼 농사일을 돕지도 않고, 닭이 달걀을 제공하는 것처럼 먹거리를 주지도 못하며, 양처럼 따뜻한 털이나 우유를 주지도 않는다. 결정적으로 돼지는 잡식성이기 때문에 먹는 것이 사람과 겹친다. 이런 이유들 때문에 성경과 탈무드 등 경전에서 가급적 돼지고기를 먹지 않도록 하기 위해 율법 규정을 두었을 거란 추측이 가능하다.

코셔 식사법으로 지키고자 하는 것

유대인들은 코셔 식사법을 통해 오랜 세월동안 유대민족의 정체성을 지켜 왔다. 코셔는 우상을 섬기는 이방인과 구별되길 원했던 유대인들에게 수용되어 독특한 식사법으로 정착되었다. 코셔를 지켜야 하는 유대인 전통으로 인해 자연스럽게 이방인과 식사를 함께 할 기회가 줄어들어 이방인과 결혼하는 것을 방지하는 역할을 한 것이다. 즉, 코셔 식사법은 유대민족을 거룩하게 구별하고 단합시키기 위한 규정인 것이다. 최근에는 유대인을 위한 코셔 식당이 많이 생겨나고 있는데, 코셔 표시가 있더라도 율법을 엄수하는 유대인들은 식당 주인이 안식일을 지키는지, 율법 전문가에게 카슈룻 보증서를 받았는지 확인을 거친 후에야 식사를 한다고 하니, 유대인들이 되도록 가정에서 식사를 하는 이유를 알 것 같다.

카샤룻에는 그릇에 대해서도 다루고 있는데 코셔가 아닌 음식이 담겼던 그릇은 끓는 물에 삶거나 불로 소독하는 등 반드시 정화시켜 사용해야 한다. 유리 그릇은 음식이 배지 않기 때문에 안전하게 사용할 수 있는 그릇이다. 그릇 중에 불에 타는 제품의 경우에는 하루 동안 격리시켜 놓고 깨끗이 세척해서 써야 한다. 정통파 유대인 가정에서는 육류를 담는 그릇용 찬장과 유제품을 담는 그릇용 찬장을 따로 보관하는 경우가 많다. 코셔 음식에는 식품 포장지에 ⓤ 또는 K 같은 기호가 새겨져 있는데, 정통파 율법 전문가가 포함된 단체가 인증했다는 표시이다.

한편 개혁파 유대인 중에는 코셔 율법을 지키지 않는 사람들도 늘어나고 있다. 집에서는 코셔 식단을 지키지만 외식 때는 아무 것이나 먹는 사람들도 많다. 한편 코셔 율법에 금지된 음식 중에 몇 가지를 골라서 먹지 않으려고 노력함으로써 전통을 지키려는 사람들도 있다. 최근 들어 코셔라는 말은 음식에만 한정되는 것이 아니라 법률과 윤리, 수학 등 다양한 분야에서 '적합하다'는 의미로 쓰이고 있다.

음식을 가려 먹어야 하는 게 쉬운 일이 아닐 것이다. 율법에 따라 음식을 가려 먹는 유대인에 대해서 어떻게 생각하는가?

하브루타 토론 예시

영지　유대인들은 모든 면에서 엄격한 것 같아. 지켜야 할 것도 많고.

엄마　엄격하다고? 왜 그렇게 생각했어?

영지　기도할 때도 지켜야 할 것이 많고 평소에도 지킬 규칙들이 굉장히 많은 것 같아.

엄마　그렇지? 그런데 정통파 유대인들이 철저히 지키는 거고 개혁파 유대인들은 그렇게 철저히 지키지는 않는다고 하네. 말이 나왔으니 음식 얘기를 해줄까?

영지　아마도 음식은 엄청 까다로울 것 같은데?

엄마　왜 그렇게 생각했어?

영지　모든 면에서 철저한 유대인이 우리 몸 속으로 들어가는 음식에 대해서는 얼마나 더 까다로울까 싶어서.

엄마　맞아. 유대인들은 음식에 관한 카샤룻이라는 율법이 있는데 먹어도 되는 음식과 먹어서는 안 되는 음식이 구분되어 있지.

영지　우와~ 예측은 했지만 법률에 먹을 음식, 못 먹을 음식이 적혀있다고?

엄마　그래. 먹기에 합당한 음식을 '코셔(Kosher)'라고 하고 코셔 음식의 종류나 식사법 가축을 도살하는 방법까지 세밀하게 다루고 있지.

영지　역시 예상대로네~ 이젠 놀랍지도 않아.

엄마　과연 그럴까? 유대인들의 카샤룻에 따르면 채소와 과일은 모두 코셔라 먹을 수 있는 음식이야. 육류 중에는 먹을 수 있는 것과 없는 것을 일일이 열거하고 있고, 물고기도 지느러미가 없는 건 먹을 수 없도록 되어 있어. 우리가 흔히 먹는 돼지고기, 새우, 굴, 오징어 등은 코셔가 아니라 먹을 수 없단다.

영지　헉! 그럼 삼겹살도 못 먹겠네? 우와~ 정말 심하다.

엄마　그럼~ 게다가 육류와 유제품을 같이 먹을 수 없도록 율법에 금지해두고 있어.

영지　아니 그건 왜?

엄마　성경 말씀에 '어린 양을 그 어미의 젖으로 삶아서는 안 된다'고 되어 있기 때문이래.

영지　아~ 이해가 된다. 갑자기 무섭고 슬퍼지네.

엄마　심지어 육류를 담는 그릇과 유제품을 담는 그릇을 섞어서 쓰지 못하도록 되어 있기까지 해서 정통파 유대인들은 두 가지 그릇을 각각 다른 찬장에 보관한다고 해.

영지　정말 두 손 다 들었네~ 어떻게 그걸 다 지키고 살까?

엄마　놀랍지? 카샤룻 덕분에 이방인들과 식사하며 친해지고 결혼까지 하게 되는 일을 방지하게 됐고, 유대인을 구별해서 다른 이방인과 섞이지 않도록 만든 중요한 율법이라는 구나~

영지　정말 들으면 들을수록 놀라운 것 같아.

07 결혼식에 담긴 유대인의 가정관

우리도 그렇지만 유대인들은 결혼을 성스러운 일이자 일생의 가장 중요한 일로 여긴다. 그래서 '결혼'이라는 말에는 '거룩한', '신성한' 등의 말을 붙인다. 왜냐하면 결혼은 하나님의 계획에 따라 인류를 번성시키는 일이기 때문이다.

중매로 만나 결혼식은 화요일 저녁에

유대인들은 연애 결혼을 하지 않는다. 위대한 랍비가 서로 잘 맞을 것 같은 남녀를 연결시켜 맺어주는 중매 결혼이 보편적이다. 중매자들은 하나님의 일을 하는 위대한 인물로 존경받는다. 유대인은 그들의 전통과 생활풍습을 지키고 이어나가기 위해, 그리고 유대주의의 본질을 지키기 위해 유대인끼리 결혼을 한다. 성년이 된 유대인이 지켜야 하는 613개의 율법만 보더라도 다른 종족과 섞이면 안 되는 이유를 쉽게 이해할 수 있다.

우리는 주로 주말에 결혼을 하지만 유대인들은 화요일을 결혼하기 좋은 날로 꼽는다. 그 이유는 성경 말씀에 하나님이 세상을 창조하시고 특별히 '셋째 날이 보시기에 좋았더라.'라는 구절이 두 번이나 나오기 때문이다. 유대인들은 한 주의 시작이 일요일이기 때문에 셋째 날은 화요일이다. 또한 유대인들의 하루 시작은 저녁 때이므로 결혼식도 대부분 저녁에 거행된다.

결혼을 앞둔 신랑은 결혼식 직전 안식일에 토라를 낭독한다. 그 다음 하객들은 신랑에게 견과류를 던지거나 사탕 또는 건포도 등을 던진다. 견과류를 던지는 것은 '좋은 일'이 넘치기를 바라는 것이고, 사탕이나 건포도를 던지는 것은 달콤한 결혼생활이 되어 열매를 많이 맺기를 기원하는 것이다.

모든 유대인이 그런 것은 아니지만 결혼을 앞둔 신랑은 결혼식 날 금식을 하는 것으로 알려져 있다. 유대인들의 결혼식은 용서의 의미도 담고 있어 지난 날의 모든 죄를 용서 받는 날이다. 그래서 자연스럽게 회개의 의미로 금식을 하는 것이다. 또 다른 의미로는 성스러운 결혼식을 잘 치르려면 신랑이 술을 마시지 않아야 하기 때문에 이런 풍습이 생긴 것이라는 이야기도 있다.

후파 아래에서 거행되는 결혼식, 그리고 유리잔을 깨는 의미

유대인들은 결혼식을 후파(chupa)라는 천막 아래서 거행한다. 그 이유는 유랑하던 이스라엘 민족의 상징이기 때문이라는 의견도 있고, 신랑 신부에게 씌워주던 월계관을 의미하는 것으로 보기도 한다. 후파가 없는 경우에는 신랑이 두르는 기도용 숄(탈릿)을 후파 대용으로 쓰기도 한다. 후파 아래서 결혼하는 예식은 유대인들에게 매우 중요한 의미가 있다. 신랑은 후파 아래서 결혼계약서를 읽는다. 계약서에는 만약 신랑이 죽거나 이혼하게 되면 신랑이 신부에게 져야 할 의무를 자세히 열거해 놓았다. 이 계약서 때문에 유대인들은 이혼율이 현저히 낮다는 분석도 있다. 한편 신부는 앞이 보이지 않는 면사포로 얼굴을 가리는 풍습이 있다. 식장으로 이동할 때 면사포로 얼굴을 가린 신부는 앞이 보이지 않기 때문에 신랑을 전적으로 믿고 따라 갈 수밖에 없다. 이 의식은 결혼 생활을 시작하면서 앞으로 전적으로 신랑을 믿고 의지하겠다는 의미를 나타낸다.

결혼식이 끝날 무렵 신랑은 유리잔을 깬다. 이는 예루살렘이 무너진 것을 슬퍼하는 의식이라고 보기도 하고 다른 설로는 기쁜 순간에도 냉정을 잃지 않도록 경고하는 소리, 또는 악마의 방해를 막는 의미 등이 있다고 한다. 이 때 하객들은 '마잘 토브' 또는 '시만 토브'라고 외치며 축복한다. 이 말은 히브리어로 '좋은 징조'라는 뜻이다.

이 밖에도 유대인들의 결혼식은 다양하고 독특한 상징들로 넘쳐난다. 결혼식을 마친 이후 남편은 예시바(유대인의 전통적인 학습 기관으로 일종의 도서관이다. 두 명 이상이 마주보고 앉아서 토론할 수 있도록 책상이 배열되어 있다.)에 들어가 1년 동안 공부를 한다. 이 기간 동안 들어가는 생활비와 교육비 등은 공동체에서 부담하기 때문에 공부에 전념할 수 있다. 이렇게 하는 이유는 가장으로서의 자질과 교양, 신앙심, 성품 등을 갖추어 유대가정의 중심이자 가정의 제사장이 되도록 돕는 것이다.

부모수업 Q&A

유대인의 결혼식 문화를 살펴보며 우리나라의 결혼식 문화와 비교해 본다면?

하브루타 토론 예시

엄마　영지야~ 유대인 이야기 재미있니?

영지　우리랑 다른 부분이 많아서 신기한 것 같아.

엄마　그렇구나. 그럼 이번엔 유대인들의 결혼식에 대해 알아볼까? 결혼식도 우리랑 다른 점이 많단다.

영지　남성 중심 사회라 여자에게 불리한 점이 많을 것 같은데?

엄마　정말 그럴까? 유대인들은 결혼계약서를 작성하는데 계약서에는 신랑이 죽거나 이혼했을 때 신부에게 지켜야 할 의무가 자세히 기록되어 있다고 해.

영지　남성 중심의 사회라서 그나마 여성을 보호하는 규정으로 만들어진 건가 보네.

엄마　아마 그렇겠지?

영지　유대인들도 면사포 쓰고 드레스 입고 결혼을 하나?

엄마　응~ 그건 같은데 면사포가 우리랑 다르게 앞이 안 보이는 면사포라고 해.

영지　어머! 그럼 어떻게 행진을 해?

엄마　결혼식장으로 갈 때 신랑이 인도해서 데리고 가지.

영지　왜 그렇게 하는데?

엄마　앞으로 신랑을 전적으로 의지하겠다는 의미야.

영지　와~ 유대인의 생활을 들을수록 나는 마음에 안 들어. 모든 게 남성 중심이잖아.

엄마　ㅎㅎ 우리 마음에 드는 게 중요할까? 그들에게는 그들만의 필요에 의해 형성되고 이어져 오는 그들만의 독특한 문화로 이해해야 하지 않을까?

영지　하긴, 중동 지방에서는 지금도 일부다처제가 일반적이라고 하던데 거기에 비하면 좋은 문화이고…. 지구촌이 넓긴 하네.

엄마　유대인은 결혼계약서에 이혼을 하는 경우 아내에게 져야하는 책임이 명확히 기록되어 있고, 유대교 자체가 이혼을 반대하기 때문에 이혼율이 세계에서 제일 낮다고 해.

영지 그런 점은 우리도 배우면 좋을 것 같아. 아내에게 책임을 지게 하는 제도.

엄마 엄마도 그 부분이 놀랍다고 생각했어. 제도화 되는 것이 꼭 좋은 것은 아니지만 미리 이혼할 경우를 대비해 남편의 책임을 명시한 건 가족관계를 굳건히 하는 면에서도 좋은 점이 있는 것 같아.

영지 유대인들은 모든 일이 하나님 뜻에 따라 하는 일이라니 하나님의 계획에 따라 인류를 안정적으로 번성시키기 위한 일로 여기는 유대인들이라 가능한 일인지도 모르겠네.

엄마 오~ 영지의 해석이 놀라운 걸?

유쌤의
정리 노트

부모수업 첫 번째, 유대인의 생활과 문화에서 배우자

결핍, 부족함을 알게 하자

유대인들의 생활과 문화를 살펴보면서 우리에게 어떤 점을 적용할 수 있을지에 대해 생각해 보자. 유대인들이 탁월함을 발휘하도록 하는 원동력에는 제일 먼저 결핍이 있었다. 그들의 결핍은 2000년이 넘게 떠돌아다니며 외부로부터 받은 핍박과 멸시, 차별과 냉대, 온갖 수탈과 죽임 등이었다. 우리도 그들처럼 끊임없이 외세의 침략을 받았고 나라를 빼앗긴 적도 있었고 멸시와 천대를 받았던 역사를 갖고 있다. 그러나 우리는 나라를 잃고 떠돌아다니지는 않았기에 유대인들보다는 좋은 환경이었을지도 모른다. 그러나 유대인들은 자신들이 겪었던 역사적인 사건들을 결코 잊는 법이 없다. 유대인 공동체에서, 가정에서, 예시바에서, 학교에서, 회당에서…. 유대인들은 고난을 절대 잊지 않고 성장 동력으로 바꾸고 있었다. 우리 자녀들에게 어떻게 역경 교육을 시킬 수 있을까? 유대인들의 성인식과 철저하리만큼 지켜오고 있는 원칙에서 찾을 수 있다.

유대인은 우리와 달리 13세(여자는 12세)에 성인식을 한다. 13세는 우리 기준으로 보면 중학교 1학년이다. 사춘기가 본격적으로 시작되는 시기이기도 하다. 우리나라 문화가 아닌데 우리 집만 13세 성인식을 치르기는 어려울 것이다. 그러나 가정의 원칙을 정해 13세 생일을 특별한 의미로 치를 수는 있을 것이다. 13세 생일 파티를 치른 이후부터 부모님은 되도록 아이의 일에 일일이 간섭하기 보다 아이 스스로 자신의 일에 관한 결정을 스스로 해 나갈 수 있도록 도와주면 좋을 것이다. 자기 주도적으로 자신의 인생을 하나씩 설계해 나가도록 하는 것이다. 그러나 이것이 되려면 먼저 유대인들의 후츠파 정신을 적극적으로 수용해서 자녀가 어떤 의견이든 말할 수 있는 분위기를 만들어 줘야 한다. 어른 말은 무조건 옳고 자녀는 어른 말에 무조건 따라야 한다는 생각을 버려야 한다. 아무리 어리더라도 동등한 인격체로 존중하면서 아이의 의견을 충분히 듣고 서로의 의견을 조율해서 의사 결정하는 습관을 갖도록 한다.

또한 목숨을 걸면서까지 지켜온 유대인의 안식일과 율법들을 살펴보면서, 우리도 꼭 지켜야 하는 원칙이나 타인에 대한 배려, 검소한 생활, 성실성, 예의, 효와 같은 덕목들은 어릴 때부터 몸에 배도록 지속적으로 지도했으면 한다. 또한 의견을 조율해서 가정의 규칙으로 정해지는 원칙도 마찬가지다. 부모의 과도한 애정이나 지나친 풍요로움은 자녀를 망치게 하는 지름길이다. 유대인처럼 어릴 때부터 스스로 용돈을 벌고 그 돈에서 기부도 하고 저축할 부분과 자신이 써야 하는 금액 등을 나누는 훈련을 하길 바란다. 유대인 부모 중에는 집이 부유해도 자녀들이 그 사실을 전혀 모르는 경우가 많다고 한다. 풍요로움은 자녀를 망치는 지름길이라는 것을 누구보다 잘 아는 것이다. 우리 아이는 이미 틀렸다고 생각하는 부모도 있을 것이다. 그러나 유대인 부모들이 한결같이 하는 말이 '어릴 때부터 지속적으로 지도하면 안 될 것이 없다.'는 것이다. 이미 성장한 자녀라 해도 부모가 부족함을 환경으로 설정하고 원칙을 지켜 나간다면 시간은 좀 걸리더라도 그 안에서 배움이 일어날 것이라 믿는다.

아버지와 어머니의 권위를 찾자

유대인의 생활과 문화에서 꼭 배웠으면 하는 점이 한 가지 더 있다. 아버지의 권위와 어머니의 권위이다. 유대인 아버지는 가정의 제사장이다. 유대인 가정에는 아버지의 의자가 마련되어 있다. 제사장으로서 그리고 가장으로서의 책임을 다할 수 있도록 결혼과 동시에 1년 동안 예시바에서 교육을 받는다. 이 때 비용은 공동체가 부담한다. 얼마나 현명한 일인가? 그 많은 비용을 어떻게 감당할 수 있을까 싶지만 결론적으로는 가장 사회 비용이 적게 드는 일인지도 모른다. 아버지 역할을 제대로 배운 가장과 그냥 생물학적으로 아버지가 되어버린 가장의 차이는 상상을 불허할 정도이다. 이 부분을 우리에게 어떻게 적용해 볼 수 있을까? 국가적인 차원에서 결혼을 앞둔 예비부부에게 1년 정도 부모교육을 실시하는 것이다. OECD국가 중 9위, 아시아 1위를 차지하고 있는 이혼율을 보더라도 결혼 전 부모교육 실시는 각종 사회문제를 줄이고 사회적 비용을 현저히 낮춰 줄 것이라고 생각한다. 사회가 감당할 부분 말고도 가정에서 아내는 아버지의 권위를 지켜줘야 한다.

우리 가정의 모습은 어떠한가? 가정에서의 위계질서가 '아내 1위, 자녀 2위, 강아지 3위, 아버지가 꼴찌'라는 우스갯소리가 있다. 늘 수고에 감사하는 모습을 아이들도 느낄 수 있도록 배려하고 감사인사를 아끼지 말아야 한다. 예전에는 가장이 출타를 하시면 돌아오실 때까지 식사를 하지 않고 기다렸다. 가정의 존재 목적이 어느 순간부터 자녀를 좋은 대학에 보내는 것에 포커스가 맞춰지면서부터 아버지는 돈만 벌어오는 천덕꾸러기 신세가 되어 버렸다. 돈 벌어 자녀 교육비 대고, 양육비 대고 밥도 제대로 못 얻어먹는 신세가 되어 버린 것이다.

어머니의 권위 역시 지켜줘야 한다. 아내는 엄마가 되는 순간 모성 본능을 함께 잉태한다. 자녀를 낳고 양육하면서 아내는 모든 사랑을 자식에게 쏟는다. 모성은 본능이기 때문에 왜 그렇게 하느냐고 닦달해도 소용없다. 엄마는 가슴 속 사랑을 온통 자녀에게 쏟고는 빈 가슴이 되어 버린다. 그 허전한 가슴은 누가 채워줘야 할까? 바로 남편이다. 부족한 나라는 존재를 믿고 내게 와준 아내. 곱고 예뻤던 그녀는 육아에 지치고 가족 관계에 지칠대로 지쳐있다. 자식에게 모성을 모두 쏟아버리고 난 아내의 빈 가슴은 남편이 사랑으로 가득 채워줘야 한다. 그러면 그 사랑이 넘치고 넘쳐 자녀에게 그리고 부모님에게까지 흘러 갈 것이다. 아내를 가정의 국무총리로 생각해야 한다. 모든 의사결정에 우선적으로 의사를 물어야 한다. 그리고 부모님 편도, 자녀 편도, 남의 편도 아닌 아내의 편이 되어 주어야 한다.

인류 역사에 한 획을 그은 유대인들

1. 에디슨(1847~1931)

에디슨은 1847년 오하이오주 네덜란드계 유대인 가정에서 7남매 중 막내로 태어났다. 그는 어릴 때부터 유난히 머리가 커 주변 이웃들로부터 비정상이라는 놀림을 받았지만 부모님의 각별한 배려 속에 오히려 머리가 커 훌륭한 일을 해낼 것이라는 기대 속에 자라게 되었다. 어린 시절 성홍열 발병으로 청력에 문제가 생긴 에디슨은 주변 사람들에게 수도 없이 질문을 해대는 아이였다. 모두들 질문을 귀찮게 했지만 어머니는 끊임없이 답변을 해주며 에디슨의 호기심을 충족시켜 주었고, 신이 부여한 특별한 능력을 발견하도록 도와주었다.

에디슨이 거위 둥지에 앉아 알을 품었던 일화는 많이 알려져 있다. 호기심 천국이었던 에디슨은 "태양은 왜 빛이 나나요?", "2 더하기 2가 왜 4죠?" 등 엉뚱해 보이는 질문을 끊임없이 해댔고 곤란해진 선생님은 학습장애아 판정을 내려

퇴학시키고 말았다. 그러나 에디슨의 어머니는 에디슨에게 신이 부여한 천부적인 능력이 있다고 믿고 직접 가정교사 역할을 하며 아들의 질문에 대한 답을 찾아 나갔다. 에디슨의 어머니 낸시는 기초 산수, 글쓰기 등을 직접 가르쳐 1년 만에 초등학교 전 과정을 마치게 했다. 엉뚱한 상상을 직접 실험 실습할 수 있도록 환경을 조성해 주어 위대한 발명가가 될 수 있는 기틀도 마련해 주었다. 에디슨의 아버지는 책을 사주고 독후감을 내도록 지도해 인문학적 소양을 키우도록 해주었다.

늘 아들을 긍정적인 시선으로 바라보며 호기심을 키워준 부모님 덕분에 에디슨은 결국 인류의 최고 발명품으로 일컬어지는 백열전구를 크게 개선시켜 40시간 빛을 내는 전구를 만드는 데 성공했다. 많은 실패를 거듭했던 에디슨은 실패가 아니라 전구가 빛을 내지 않는 원리를 깨우쳤다고 말하며 '천재는 1%의 영감과 99%의 노력으로 이루어진다.'는 명언을 남겼다. 그의 위대한 발명은 탄소전화기, 영사기, 축음기 등 수많은 발명으로 이어져 1,093개의 발명 특허를 획득한 위대한 발명가로서 인류에 공헌하였고 세계사에 이름을 남기게 되었다.

2. 아인슈타인(1879~1955)

인류 문명사를 통틀어 가장 위대한 물리학자로 칭송받는 아인슈타인 역시 유대인이다. 아인슈타인은 태어났을 때는 뒷머리가 너무 커 기형아로 의심을 받았고, 그 뒤에는 말이 없어 벙어리로 의심을 받았다. 어린 시절 잦은 잔병치레를 했던 아인슈타인은 병실에 누워 아버지가 사다준 나침반을 관찰하며 매료되었고, 계속적인 관찰을 통해 자연현상 뒤에 일련의 규칙이 있다는 사실을 어렴풋이 느끼게 되었다. 훗날 상대성 이론을 발표한 아인슈타인은 나침반을 관찰하면서 나침반의 바늘을 움직이는 큰 힘에 대해 강한 호기심을 느꼈고, 상상을 통해 우주 법칙을 밝혀내게 되었다고 말했다.

에디슨과 마찬가지로 아인슈타인 역시 학교에서는 환영받지 못한 아이였다. 담임 선생님은 성적기록부에 '무엇을 해도 성공할 수 없는 아이'라고 적었다. 그러나 아인슈타인의 어머니 파울리네 코흐만큼은 아인슈타인이 남다른 특별한 능력을 갖고 있다고 믿었다. 아인슈타인의 어머니는 아이가 싫어하는 공부는 시키지 않고, 하고 싶어 하는 일은 적극적으로 밀어주었다. 그는 어린 시절부터 7년이나 배웠던 바이올린에서 수학적 구조를 깨달았고, 모든 사물의 뒤에는 무언가 감춰져 있다는 인식을 갖게 되었다.

아인슈타인의 아버지는 베갯머리 교육으로 문학고전을 많이 읽어 주었다. 그런 분위기 속에 아인슈타인은 12세 때 혼자 기하학을 독파하고, 인문고전을 두루 섭렵하면서 인문학적 소양을 쌓았다. 15살 때 지진아로 졸업장도 못 받고 김나지움을 중퇴했으나 16세 때 미분, 적분을 독파하고 그 이후 유클리드 기하학을 혼자 독파했다. 집안 경제사정이 좋지 않아 빨리 취직을 해야 했던 그는 기사가 되기 위해 공대로 진학하려 했지만 졸업증명서가 없어 번번이 실패했다. 그런데 탁월한 수학 성적 덕분에 아라우에 있는 페스탈로치가 설립한 고등학교에 들어가게 되었고, 마침내 취리히 연방 공과대학에 입학해 물리학도의 길을 걷게 되었다.

대학에 들어가서도 그는 거의 출석은 하지 않고 독학으로 패러데이, 맥스웰, 헤르츠 등의 전자기학에 관한 공부를 했다. 그리고 친구들과 정치, 과학, 종교, 수학 등을 주제로 토론을 벌이며 지냈다. 그 무렵 뉴턴이 주창한 '절대시간과 절대공간'을 비판한 마하의 〈역학의 발전〉을 읽었는데, 그 책은 아인슈타인에게 큰 영향을 미쳐 훗날 상대성 이론을 펼친 계기가 되었다.

1905년 5월 특허청 심사관으로 일하던 그는 '브라운 운동', '빛의 광전 효과', '특수 상대성 이론' 등을 독일 물리학 연보에 연달아 발표했고, 7월에는 '분자 차원의 새로운 결정'을, 8월에는 '질량과 에너지의 등가설'을 발표해 물리학의 새 지평을 열었다. 또한 그는 1915년에 자신의 특수 상대성 이론에 중력 이론이 포함된 일반 상대성 이론을 발표했는데, 1919년 5월 29일 영국 개기일식 관측대에 의해 확인되었다. 이를 계기로 아인슈타인은 국제적인 명성을 얻으며 '뉴턴의 권위를 뒤엎은 위대한 과학자'라는 수식어로 불리게 되었다.

3. 지그문트 프로이드(1856~1939)

정신분석학의 창시자 프로이드는 오스트리아-헝가리 제국 모라비아에 있는 작은 도시 프라이베르크에서 태어났다. 다섯 살 때 가족이 빈으로 이주해 70년 넘게 그곳에서 살았으나 훗날 나치의 탄압으로 망명을 했다. 프로이드는 1873년 빈 의과대학에 입학해 생리학을 전공했는데, 약혼과 함께 빨리 성공하려는 열망으로 연구직을 포기하고 빈 종합병원에 취직했다. 그리고 당시 각광받던 마취제로서 코카인의 효력을 연구했다. 그러나 그 일은 그의 일생 중 가장 큰 실책으로 남아 두고두고 회자되었다.

1885년, 장학금을 받아 프랑스 유학을 떠난 프로이드는 장 마르탱 샤르코의 최면술 강의를 들으면서 인간의 심신에 관해 본격적으로 연구하기 시작했다. 이듬해 빈으로 돌아온 프로이드는 신경질환 전문의로 개업했다. 한때 신경질환 전문의였던 요제프 브로이어와 공동 연구를 하여 〈히스테리 연구, 1895〉를 공동 저술했지만 히스테리의 주요 원인에 대한 입장 차이로 결별했다. 그 뒤 이비인후과 의사였던 빌헬름 플리스의 도움을 받아 과학적 심리학 토대를 마련했다. 1896년, 그동안 그가 연구하던 정신에 관한 연구방법을 '정신분석'이라 명명했다.

1896년 아버지가 사망하자 자신에 대한 정신분석을 시도해 〈꿈의 해석, 1899〉, 〈일상생활의 정신병리학, 1901〉, 〈성욕에 관한 세 편의 에세이, 1905〉 등 일반인들의 심리를 분석했다. 1902년 자신을 지지하는 전문가들과 함께 수요 심리학회를 창설했고, 훗날 정신분석학회로 명칭을 바꾸고 영향력을 넓혀갔다. 이 때 알프레드 아들러, 칼 융 등이 함께 참여하였으나 프로이드가 지나치게 성을 강조했던 점에 불만을 갖고 결별하게 되었다.

그는 꾸준한 연구를 통해 〈쾌락 원칙을 넘어서, 1920〉로 에로스(삶의 본능), 타나토스(죽음 본능) 개념을 제안했고, 〈자아와 그것, 1923〉으로 자아(에고), 본능(이드), 초자아(수퍼에고)에 대한 내용을 발표해 정신분석학을 명확하게 개념화하였다. 그의 최대 업적은 무의식을 발견하고 그 작동 원리를 과학적으로 증명해 낸 것이라 하겠다. 아울러 성적 충동(리비도)이 가장 중요한 인간 본능인데, 인간 발달 과정에 따라 쾌락을 얻고자 하는 부위가 다르며 유아기와 유년기가 평생을 좌우하는 무의식을 결정한다고 주장하며 유아교육의 중요성을 강조했다.

지나치게 성을 강조한다는 비판, 남성 중심주의에 대한 비판 등 많은 비판을 받았지만 인간 정신을 과학적으로 밝혀낸 그의 연구는 인간 이해의 새 지평을 연 것으로 혁명적인 업적이라 할 수 있다. 그는 1923년 구강암 발병으로 여러 차례 수술을 했지만 끝내 완치되지 못하고 히틀러의 핍박을 피해 망명했던 영국 런던에서 1939년 9월 23일 눈을 감았다.

4. 칼 마르크스 (1818~1883)

마르크스는 독일 라인주 트리어시에서 유대인 변호사였던 아버지 밑에서 7남매 중 셋째로 태어났다. 아버지는 칸트 철학의 신봉자로 자녀에게 계몽주의 사상과 휴머니즘에 관한 체계적인 교육을 했다. 마르크스의 가족은 유대인에 대한 핍박을 피해 마르크스가 6세 되던 해 기독교로 개종했다. 마르크스는 12살에 프리드리히 빌헬름 김나지움에 들어가 역사, 철학, 라틴어, 그리스어 등을 배우며 교양을 쌓았다. 김나지움 졸업 에세이로 쓴 〈직업 선택을 앞둔 한 젊은이의 고찰〉에서 그는 '사회와 우리의 관계는 이미 확립되어 있어 우리가 소명받았다고 믿는 자리를 얻기는 힘들다.'며 자신의 일생을 인류의 행복과 해방을 위해 바칠 것을 다짐했다.

1835년 본 대학에 입학한 그는 그리스 로마 신화, 미술사 등을 듣고 베를린 대학 법학부에 편입해 법학과 역사학, 철학을 공부했고, 청년 헤겔학파 모임인 '박사클럽'에 참여해 정신적 지도자가 되었다. 마르크스는 당시 반동적인 프로이센 정부의 방해로 취직은 물론 대학 강단에 서거나 글을 쓰는 것조차 길이 막혔다. 1842년 〈라인 신문〉 편집팀에 들어간 마르크스는 계속해서 폐간과 복간을 거듭하면서도 반정부적인 글을 써서 정부를 비판했으며, 청년 헤겔학파와 결별해 점차 공산주의자이자 철학적 유물론의 입장으로 선회했다. 즉, 상부 구조의 문제에서 토대의 문제로 관심사가 바뀌게 된 것이다. 1843년 그는 라인 신문 편집장에서 쫓겨났고 신문은 폐간되기에 이른다.

1843년 결혼과 함께 파리로 이주한 마르크스는 시인 하이네와 친분을 쌓게 되었고, 프랑스 혁명과 영국 부르주아 정치경제학을 연구했다. 그때 연구물은 완성되지 못한 채 '경철 수고(초고)' 또는 〈1844년의 경제학-철학고〉로 전해져 오고 있다. 이 시기 마르크스는 노동자 조직을 만들고, 프랑스 노동자 조직과 독일 망명자 노동자 조직 등과 접촉하여 프루동, 블랑, 카베 등의 사상가들과 교류했다. 1844년에는 아놀드 루게와 〈독불 연보〉를 발간하여 과학적 공산주의 사상에 입각한 '유대인 문제에 대하여', '헤겔 법철학 비판 서설' 등을 기고하였다. 이 무렵 마르크스는 프리드리히 엥겔스와 운명적으로 만나 친분을 쌓게 되었고, 1844년 11월 〈신성가족 또는 비판적 비판에 대한 비판 - 브루노 바우어와 그 일파에 대하여〉라는 책을 공동 저술해 신학자 브루노 바우어의 청년 헤겔학파를 비평했다.

그러나 프로이센 정부는 프랑스에 압력을 가해 마르크스를 추방하도록 했다. 마르크스는 벨기에 브뤼셀로 이주했지만 또 다시 추방하려는 움직임을 보이자 프로이센 국적을 포기하고 죽을 때까지 무국적자가 되었다. 1845년부터 2년에 걸쳐 마르크스와 엥겔스는 〈독일 이데올로기 - 포이에르바하, 바우어, 슈티르너를 대표자로 하는 독일 철학에 대한 비판과 여러 예언자들의 독일 사회주의에 대한 비판〉이라는 책을 저술하고 유물론적 역사관의 기초를 마련했는데, 1932년 소련에 의해 출판되었다.

1845년 마르크스와 엥겔스는 영국으로 건너가 '의인동맹'이라는 독일 이주 수공업자들의 노동자 조직 지도자인 바이틀링을 만났다. '의인동맹'은 마르크스와 엥겔스를 만나 '공산주의자 동맹'으로 재편되었고, '모든 인간은 형제다', '만국의 프롤레타리아여, 단결하라'와 같은 구호가 등장했다.

1848년 초 마르크스와 엥겔스는 '공산주의자 동맹'의 위임으로 〈공산당 선언〉을 기초했다. 〈공산당 선언〉은 제 1장 부르주아와 프롤레타리아, 제 2장 프롤레타리아와 공산주의자, 제 3장 사회주의 및 공산주의 문헌, 제 4장 반정부적 당들에 대한 공산주의자의 입장 등 모두 4장으로 되어있다. 공산당 선언을 빌미로 마르크스는 다시 브뤼셀에서도 추방당해 쾰른으로 이주하였고 거기서 〈신 라인 신문〉을 발행했으나 다시 쾰른에서도 추방당해 런던으로 이주하였다.

런던으로 이주한 그는 〈런던 데일리 트리뷴〉 기자로 기고 활동을 시작하였고, 1859년 〈정치경제학 비판〉을 출간하였다. 그 뒤 1867년 자본주의의 몰락을 그린 〈자본론〉 1권을 출간하였고, 1881년 아내 예니의 사망 이후 급격히 건강상태가 나빠진 마르크스는 무국적 상태로 1883년 런던에서 사망했다.

그의 사후 엥겔스에 의해 1885년 〈자본론〉 2권과 1894년 〈자본론〉 3권이 출간되었다. 비록 그의 삶과 죽음은 언론의 주목을 받지 못했지만 마르크스는 20세기 사회, 정치사상, 경제사상 및 사회과학 이론 분야에 막강한 영향력을 행사했다. 우리는 그를 거치지 않고 20세기를 논하는 것 자체가 힘들다.

5. 스티븐 스필버그(1946~)

스티븐 스필버그는 미국 오하이오주 신시내티 유대인 가정에서 태어났다.

아버지 아놀드 스필버그는 컴퓨터 개발 엔지니어였는데, 스필버그는 아버지의 근무지를 따라 미국 각지를 여행했다. 유대인이라는 이유로 왕따를 당했던 스필버그는 수업 시간에 집중하지 못하고 엉뚱한 질문만 해대는 산만한 아이로 불렸다. 결국 담임 선생님은 스필버그의 어머니에게 도저히 학교에서 적응할 수 없는 아이니 특수학교에 보내는 것이 어떻겠느냐고 권유했다. 그러나 스필버그의 어머니는 다른 유대인 어머니와 마찬가지로 엉뚱하거나 산만한 것은 아이의 장점이지 전혀 문제가 되지 않는다고 생각했다. 선생님에게 아이가 질문을 할 때 어머니에게 질문하도록 부탁을 하고, 아이가 하는 질문을 알려주면 자료 찾는 데 도움이 될 것 같다고 말하면서 아이의 기를 꺾지 않았다.

그는 10대 때부터 영화를 만들기 시작했는데, 13살 때 8mm 필름으로 찍은 8분짜리 단편 영화 〈더 라스트 건, 1959〉를 시작으로 15살 때는 40분짜리 전쟁 영화 〈도피할 수 없는 탈출, 1961〉를 연출했고, 18세 때는 외계인 영화 〈불빛, 1964〉를 연출해 극장에서 상영했다. 고등학교를 간신히 마친 스필버그는 1965년 캘리포니아 주립대 롱비치 캠퍼스에 입학했고, 유니버설 스튜디오 편집부서에서 무급으로 일 할 기회가 찾아왔다.

그 때 35mm 필름으로 촬영했던 〈앰블린, 1968〉을 인상 깊게 본 부사장 시드니와 7년 연출 계약을 하면서 메이저 스튜디오와 최연소 감독으로 장기 계약을 맺은 인물이 되었다. 자연스럽게 영화산업에 뛰어들면서 학교를 그만뒀고, 33년이 지난 2002년에 논문을 제출하고 졸업하게 되었다. 2016년 하버드대학교 역사상 영화계 인사로는 처음으로 연사로 초청되었다.

1972년 〈슈가랜드 특급〉으로 데뷔해 실력을 인정받은 스필버그는 27세 때

식인 상어와의 혈투를 그린 〈죠스, 1975〉라는 작품으로 북미 최초로 1억 달러 이상의 흥행 수입을 올리며 신드롬을 불러일으키면서 미국 영화계의 대표적 흥행 감독이 되었다. 이후 〈미지와의 조우〉, 〈E.T〉, 〈레이더스〉, 〈인디애나 존스〉, 〈후크〉, 〈쥬라기 공원〉 등이 연이어 흥행에 성공하면서 최고의 감독으로 자리매김 했다.

그 뒤 스필버그는 1993년 연출한 흑백영화 〈쉰들러 리스트〉로 1994년 아카데미 시상식에서 작품상, 감독상 등 7개 부문을 휩쓸었다. 이 영화로 흥행영화 감독이라는 수식어를 떼고 작품성도 인정받는 감독이 되었다. 그 뒤 〈라이언 일병 구하기〉로 연이어 아카데미 작품상과 감독상을 수상하면서 작품성 높은 작품을 연출하는 감독으로도 명성이 드높아지게 되었다.

쉰들러 리스트는 유대인 대학살(홀로코스트)을 다룬 영화이다. 스필버그는 처음에 이 영화를 홀로코스트 희생자인 로만 폴란스키 감독에게 넘기려 했지만 그가 고사하자 자신이 맡게 되었다. 베를린 장벽 붕괴와 함께 신나치주의가 대두되면서 홀로코스트가 조작된 일이라는 이야기가 떠돌자 촬영을 결심했다고 한다. 시상식에서 그는 자신이 쉰들러 리스트를 찍기 위해 이 세상에 왔다면서 전 세계 35만 홀로코스트 생존자는 여생 동안 홀로코스트가 무엇인지 알리는 일이 자신들의 사명으로 생각하고 있으니 그들을 교육에 활용해 달라고 부탁했다.

6. 래리 페이지 (1973 ~)

1973년 미국 미시간주 이스트 랜싱에서 태어난 래리 페이지는 미시간주립대학의 컴퓨터공학과 교수였던 아버지와 같은 대학에서 컴퓨터 프로그래밍을 가르치는 강사였던 어머니의 영향으로 어릴 때부터 컴퓨터와 친했다. 대학에 다니던 페이지의 형도 전자공학과 관련해 많은 영향을 미쳤는데 페이지는 형 덕분에 다양한 기계 장치들의 작동원리에 흥미를 갖게 되었다.

페이지의 아버지도 여느 유대인 가장처럼 아들과 토론하기를 즐겼다. 페이지는 특히 관심 분야였던 컴퓨터와 관련된 주제로 아버지와 토론을 하면서 자연스럽게 토론 능력을 향상시키게 되었다. 초등학교 재학시절 페이지는 컴퓨터로 과제물을 작성해서 프린터로 출력해서 과제를 제출했는데 선생님이나 학생 모두 크게 놀라워했다. 그 당시에는 아직 개인용 컴퓨터가 보급되기 전이었기 때문이었다.

페이지는 미시간대학교 컴퓨터 공학과를 수석으로 졸업하고 스탠퍼드 대학원에 진학하였다. 거기서 캠퍼스 투어 가이드로 나왔던 세르게이 브린과 운명적으로 만나게 되었다. 브린은 러시아에서 태어난 유대인으로, 유럽의 반유대주의를 피해 부모님과 함께 여섯 살 때 미국으로 이민을 왔다고 했다. 그들은 교육 전반에 대해 이야기를 나누면서 서로에 대해 조금씩 알게 되었고, 서로 통하는 것이 많다고 생각했다. 어느 날 페이지는 브린에게 인터넷 검색 엔진을 함께 만들자고 제안했다. 그는 기존의 검색 엔진은 단순히 URL 목록을 나열해서 보여주는 방식인데 반해 자신이 개발할 검색 엔진은 중요도에 따라 순서대로 결과가 나타나는 방식이기 대문에 차별화된 서비스를 할 수 있다며 브린을 설득해 동의를 얻어냈다.

페이지와 브린은 대학원 지도 교수에게 스탠퍼드대학교 안에서 검색엔진을 시범적으로 사용하게 해달라고 부탁했다. 지도 교수는 'google.standford.

edu'에 접속하면 교내 누구나 구글 검색 엔진을 사용할 수 있도록 도와주었다. 사람들은 새로운 검색 엔진에 열광했고, 페이지와 브린은 스탠퍼드대학교의 도움으로 특허 신청을 할 수 있었다.

구글의 사용자는 점차 폭발적으로 늘어나 학교의 서버만으로는 서비스를 계속 감당할 수 없게 되었다. 결국 검색 횟수가 1만 건을 넘으면서 페이지와 브린은 교수님의 추천으로 실리콘밸리의 한 사업가를 추천받았는데 사업가는 두 사람의 열정과 능력, 추진력에 탄복해 10만 달러를 적은 수표책을 건넸다고 한다. 결국 페이지와 브린은 1998년 9월 '웹에 있는 고급 정보를 쉽게 찾을 수 있게 하자'는 사업 목적을 걸고 구글을 창업했다.

기존 검색 엔진들은 광고 중심으로 돈을 버는 서비스였기 때문에 검색 결과의 품질이 갈수록 떨어지고 있었으나 구글은 오직 빠르고 정확하면서도 믿을 수 있는 검색 결과를 내놓는 것을 가장 소중한 가치로 여겼다. 보통 검색 엔진은 '무료'라는 인식이 일반적이어서 광고 수익에 의존하는 것이 일반화 되어 있었다. 그러나 페이지와 브린은 중요한 결정을 앞둘 때마다 '사악해지지 말자(Don't Be Evil)'는 회사의 모토를 상기하곤 했다. 즉, '사악해지지 말자'는 나쁜 짓을 하지 않고도 돈을 벌 수 있다는 걸 보여주자(You can make money without doing evil)라는 뜻을 담고 있으며, 유대인들에게 늘 이어져 내려오는 정신이기도 하다. 단기간의 이익을 위해 신뢰와 공정성 등 선함을 잃어버려서는 안 된다는 것이다.

2004년 8월 구글은 나스닥에 상장했는데, 액면가 85달러였던 주가가 하루 만에 100달러를 돌파하더니, 석 달 만에 200달러, 1년 만에 300달러, 3년 만에

600달러를 돌파하는 놀라운 일이 일어났다. 그로 인해 페이지와 브린은 억만장자가 될 수 있었고, 회사 가치는 30억 달러를 훌쩍 넘어섰다. 페이지는 인터뷰에서 다음과 같이 담담히 말했다.

"저는 단지 뭔가를 발명해서 세상에 선보이고 싶은 사람입니다. 운이 좋게 약간의 재능을 타고났을 뿐입니다. 제가 받은 행운 때문에 저는 사회에 큰 책임감을 느낍니다. 앞으로도 첨단 기술을 활용해 사람들의 일하고 생활하는 방식을 많이 바꿀 수 있기를 바랍니다. 다음 세대의 사람들에게 세상을 크게 바꾼 사람으로 기억된다면 더할 나위 없는 큰 영광이겠지요."

7. 마크 주커버그(1984 ~)

마크 주커버그는 1984년 5월 뉴욕의 유대인 가정에서 4남매 중 막내로 태어났다. 치과의사였던 아버지와 정신과 의사였던 어머니 덕분에 집안은 부유했다. 주커버그는 어릴 때부터 질문이 유독 많은 아이였으며, 장난끼도 많았다. 주커버그의 아버지는 어린 아들에게 '아타리 베이직'이라는 컴퓨터 프로그램을 가르쳤는데 주커버그가 엄청난 몰입도를 보이며 놀라운 재능을 보이자 소프트웨어 개발자 데이비드 뉴먼에게 개인 교습을 받도록 하기도 했다.

주커버그는 중학생 때부터는 컴퓨터 프로그램을 만들기 시작해서 첫 작품으로 '주크넷'이라는 컴퓨터 네트워크를 활용한 인스턴트 메신저를 만들었고, 아버지가 치과에 환자가 도착한 것을 알려주면 좋겠다고 하자 '핑'이라는 메신저 서비스를 통해 치과의 컴퓨터가 집에 있는 컴퓨터에 메시지를 전송할 수 있게 하기도 했다. 주커버그는 학교에서도 친구들이 그린 그림 등에서 아이디어를 얻어 모노폴리 게임 같은 프로그램을 만들기도 했다. 주커버그의 재능을 키워주고 싶었던 아버지는 파격적으로 주커버그를 대학원 컴퓨터 강좌에 등록시켜서 수업을 듣도록 배려하기도 했다. 유대인 부모의 높은 교육열을 엿볼 수 있는 대목이다.

주커버그는 뉴욕 아즐리 고등학교를 2년 정도 다니다가 엑시터에 있는 명문 필립스 엑시터 아카데미로 전학을 했다. 그는 엑시터 아카데미에서 인문학, 수학, 천문학, 물리학 등 다양한 인문고전을 배웠는데 그곳에서 그는 인공지능을 활용해서 음악 청취 습관을 분석한 후 좋아하는 음악을 자동 추천해 주는 '시냅스'라는 음악 프로그램을 만들어 친구들과 선생님을 놀라게 만드는 등 뛰어난 컴퓨터 실력을 마음껏 뽐냈다.

그 뒤 하버드 대학에 들어간 주커버그는 룸메이트였던 에두아르도 새버린, 더스턴 모스코비치 등과 함께 유대인 동호회 '알파 입실론 파이(Alpha Epsilon Pi)'에 가입했고 거기에서 아내가 될 중국계 미국인인 프리실라 찬과 운명적인 만남이 이루어졌다. 하버드에서 그는 학생들이 듣고 있는 강의 정보를 바탕으로 자신이 수강하고 싶은 강의를 선택할 수 있게 도와주는 코스 매치(Course match)라는 컴퓨터 프로그램을 만들어 인기를 끌었다. 그 뒤 캠퍼스에서 가장 매력적인 사람을 파악하는 '페이스매시(Facemash)'라는 프로그램을 개발했지만 외모만으로 사람을 판단하는 프로그램이자 여성을 비하하며, 개인정보가 유출되는 등의 문제로 인터넷 서비스는 강제 중지되고 보호관찰 처분이란 징계를 받기에 이르렀다.

호되게 당했지만 그는 이 일로 사람들이 인터넷을 통한 사회적 소통에 큰 관심이 있다는 것을 알게 되었고, 취미삼아 다양한 프로그래밍 프로젝트에 참여하여 사람들의 연결과 정보 공유 등에 대해 배워나갔다. 얼마 후 주커버그는 코스 매치와 페이스매시, 프렌드스터(데이트 목적의 프로필 공유 사이트) 등의 장점을 모아 '더페이스북닷컴(The-Facebook.com)'을 개발했다. 페이스북은 2016년 기준으로 전세계 약 16억 명의 회원 수를 거느린 세계 최대의 소셜 네트워크 서비스(SNS) 업체가 되었으며 사진과 동영상 SNS 인스타그램(Instagram)과 모바일 메신저 왓츠앱(WhatsApp)도 보유하고 있다. 페이스북은 최근에 인터넷 접속이 어려운 지역 사람들을 위해 무인항공기 '아퀼라'를 띄워 시험비행을 했고 페이스북 인공지능 연구소에서 개발한 협상능력을 가진 챗봇과의 대화 에이전트 기술 소스코드를 깃허브에 무료 공개하는 등 서비스 혁신을 위한 노력을 계속하고 있다.

주커버그는 한 인터뷰에서 자신의 신념에 대해 이렇게 말했다.

"페이스북은 사람들이 더 많은 정보를 얻고, 자신이 보유한 정보를 쉽게 공유하도록 돕기 위해 시작되었습니다. 제 목표는 회사 하나를 만드는 것이 아니라 세상에 큰 변화를 가져올 무언가를 만드는 것입니다. 앞으로도 더 많은 정보 공유로 훨씬 투명하고 열린 사회를 만드는 데 기여하는 꿈을 이루기 위해 노력할 것입니다."

유대인 못지않게 인류 발전에 공헌을 한 우리나라 인물에는 누가 있을까?

하브루타 토론 예시

엄마 우리 영지는 블록버스터 좋아하지? 이번 주에 레디플레이어원 보러갈까?

영지 와~ 정말? 좋아 엄마~

엄마 영지야~ 레디플레이어원 감독이 누군지 알아?

영지 알지. 스티븐 스필버그 감독이잖아

엄마 스티븐 스필버그가 감독한 영화 처음 보는 거지?

영지 아니! '마이 리틀 자이언트'도 봤잖아. 그리고 언니가 예전에 보던 '쥬라기공원'도 봤고.

엄마 아! 맞다. 마이 리틀 자이언트도 스티븐 스필버그 영화였지?

영지 엄마! 내가 영화미술 하고 싶다고 했잖아. 나도 영화를 좀 안다구~

엄마 오 그렇구나. 스티븐 스필버그는 블록버스터 영화 장르를 개척한 사람이라고 할 수 있지. 죠스라는 영화도 알아?

영지 아니~ 그 영화는 모르겠어.

엄마 엄마 어릴 때 만들어진 영화니까 모를 만도 하지. 식인 상어 영화인데, 그 영화로 스필버그가 일약 스타덤에 올랐었단다.

영지 식인상어라니 끔찍하네.

엄마 옛날 영화인데도 리얼했지. 그런데 영지야~ 미국 영화사 중 많은 영화사가 유대인 소유라는 걸 아니?

영지 우와! 정말? 어디가 그런데?

엄마 워너브러더스, MGM, 파라마운트, 20세기폭스사 등 헐리우드 주요 영화사 중에 유대인 이 소유하고 있는 곳이 많단다.

영지 와~ 정말 대단하네? 어떻게 그럴 수 있어?

엄마 영화뿐만 아니라 모든 학문 분야마다 유대인은 세계적으로 영향력 있는 사람들이 많지. 그래서 노벨상도 그렇게 많이 수상하는 거란다.

영지 유대인이 그렇게 대단한지 몰랐네~

엄마 그런데 재미있는 건 유대인들은 '대단한 영향력을 가졌다.', '세계를 주무른다.', '성공했다.', '돈을 많이 번다.' 등의 말을 별로 좋아하지 않는다고 해.

영지 그럼 어떤 말을 좋아하는데?

엄마 '인류 발전에 공헌한 민족이다.', '세상을 좀 더 살기 좋게 변화시킨 사람들이다.' 같은 말을 좋아한다고 하네~ 그들의 삶의 목적은 노벨상이나 사회적 성공이나 돈이 아니라는 거야.

영지 흐음~ 정말 놀라운 민족이네. 인류에 공헌한 유대인이 스필버그 말고 또 어떤 사람들이 있어?

엄마 그래. 몇 사람 예를 들어볼까? 들어보면 아마 놀랄걸?

통곡의 벽

◆

유대인 자녀 교육의 직접적인
성공 비결을 배운다.

PART
02

유대인에게 배우는 부모 수업 | 2

부모라면 꼭 알아야 하는 유대인의 자녀교육

01

| 유대인 자녀교육의 비결 1 |

13세 이전까지의 교육과정

칭찬으로 키우는 자녀교육의 중심은 어머니

유대인은 최소 2명 이상, 평균 6~10명의 자녀를 둔다. 그런데 놀라운 것은 그 많은 아이들을 되도록 야단치지 않고 칭찬으로 키운다는 것이다. 모든 인간은 인정받기를 원하는 욕구가 있다. 특히 유아 청소년기는 어느 시기보다 인정 욕구가 크다고 할 수 있다. 칭찬을 받으면 더 잘하고 싶은 욕구가 생기고 다시 칭찬받을 행동을 하게 되어 선순환을 일으키며 높은 자존감 형성에도 도움을 준다. 유대인 가정에서 부모와 자녀가 이야기 나누는 것을 보면 한마디로 오버액션 그 자체다. 아이가 이룬 작은 성취에도 부모는 화들짝 놀라며 감탄사를 연발하곤 한다. 칭찬은 고래만 춤추게 하는 것이 아니라 아이들을 춤추게 하고 행복한 가정을 만드는 밑거름이 되는 것이다. 그들은 칭찬을 통해 자존감 높고 타인을 인정할 줄 아는 마음 넓은 아이로 성장해간다.

유대인들은 세계 최고의 교육열을 갖고 있다고 해도 과언이 아니다. 그들은 비극적인 역사 속에서도 배움의 끈을 놓지 않았고 집단 학살을 당하면서도 배움을 이어가기 위해 골몰했다. 그들은 공동체의 제일 기본 단위인 가정을 배움의 장소로 만들어 엄마가 아이를 가르쳤다. 그래서 가부장적인 제도를 갖고 있음에도 불구하고 가르치는 엄마의 역할이 매우 중요했기 때문에 엄마가 유대인이어야 온전하게 유대인으로 생각한다.

가르침의 중심은 어머니이지만 유대 가정을 이끄는 가정의 중심은 아버지다. 유대 가정에는 아버지의 권위를 상징하는 아버지 의자가 있다. 유대인들은 아버지를 중심으로 자녀가 13세 성인이 될 때까지 토라와 탈무드를 통해 신이 주신 율법을 가르친다.

조기교육에서 의무교육까지, 유대인의 공교육

유대인의 교육열은 실로 대단해서 대부분의 유대인 아이들은 생후 6개월 정도부터 유아원에 다니는 것으로 유명하다. 이스라엘 조기교육은 정부의 특별 지원금으로 운영되기 때문에 학부모의 부담은 적다. 조기교육이긴 하지만 글자 공부를 하는 것이 아니고 생활도구 교육, 현장중심 교육, 사회성 교육, 대화를 중심으로 한 교육, 자율선택 교육 등 통합교육을 한다. 유대 부모들은 아이의 사회성 발달과 창의성, 사고력 증진, 잠재력 개발 등을 위해 대부분 조기교육을 시키고 4세부터는 예비 유치원인 '크담호바'에 보낸다.

이스라엘에서는 여섯 살부터 초등학교 의무교육이 시작되는데, 입학 첫날 큰 축제를 하며 히브리 알파벳 'God Loves Me'라는 글자로 된 과자에 꿀을 발라 먹게 한다. 배움은 꿀처럼 달고 배움을 주신 하나님이 자신을 사랑한다는 것을 확신하게 하는 의식이다. 이스라엘 밖에 사는 유대인의 다섯 살 미만 아이의 교육은 전적으로 엄마의 몫이다. 그 뒤 다섯 살부터는 유대인 예배당인 시나고그에서 유대인 관련 공부를 시작하게 된다. 그들에게 교육은 권리보다는 의무에 가깝기 때문에 유대인들은 어떤 상황에서든 자녀를 가르치는 의무를 다하려 애쓴다.

이스라엘 이외의 나라에 사는 유대인들은 두 개의 학교에 다닌다. 학교 수업이 끝난 후 일주일 평균 3회 정도 히브리 학교에서 유대인의 전통과 역사, 문화에 관련된 교육을 받으며 역사와 전통, 히브리어와 고대 이디쉬어 등을 배운다. 이 전통은 400년 이상 이어져 내려온 것으로 전 세계로 흩어져 살게 된 디아스포라에도 불구하고 지금껏 전통을 이어나갈 수 있었던 민족적 배경이 되었다.

유대인 학교는 등수를 기록하는 성적표가 없다. 대신 아이마다 달리 적용되는 학습 진도표가 있다. 유대인 학교에서는 재미있는 교육과정을 통해 아이들의 호기심을 키워주고 질문을 적극적으로 권장하며 다양한 관점을 발전시켜 나간다. 또 한 가지 놀라운 사실은 아이마다 학비가 모두 다르다는 것이다. 부모의 소득 수준에 따라 학비가 차등화 되어 있는데 누구도 불평하지 않는다. 그리고 유대인 공동체 아이들은 가정 형편이 어렵더라도 누구나 배움의 권리를 행사할 수 있도록 공동체에서 학비를 책임져 주기도 한다. 부모는 자녀가 13세 성인이 되기까지 유대공동체와 연대해 모든 교육을 책임지며 유대인의 한 사람으로 살아갈 수 있는 토대를 마련해준다.

유대인 가정의 자녀교육 방식과 우리나라 가정의 자녀교육 방식을 비교해 본다면?

하브루타 토론 예시

엄마 유대인은 13세까지의 교육을 부모가 책임지는데, 만 6개월부터 유아원에 보낼 만큼 교육열도 대단하다고 해.

영지 아니 그럼 우리보다 더한데? 아기 때부터 공부를 시킨단 말이야?

엄마 우리가 생각하는 글자공부, 숫자공부 같은 공부가 아니라 놀이를 통해 오감을 발달시키는 교육, 사회성을 발달시키는 교육, 창의성을 증진시키고 사고력을 키우는 교육을 체계적으로 한다고 해.

영지 그래도 갓난아기 때부터 공부를 시키는 건 너무한데?

엄마 그렇게 생각했구나? 그런데 세밀하고 체계적으로 구조화 해놓아서 아기들이 즐겁게 놀면서 자연스럽게 체득하게 한다고 하는구나. 그래서 사고력을 키우는 장난감 중에 유대인이 만든 것들이 많지. 그리고 작은 것 하나라도 해내면 엄청 칭찬을 하면서 키운다고 해.

영지 우와~ 그건 우리 엄마랑 좀 비슷한데? 엄마는 고슴도치 엄마잖아.

엄마 영지가 그렇게 이야기 해주니까 기분 좋을 걸? ㅎㅎ

영지 그런데 가끔 오글거리기도 해. 이제 어린 아이가 아니니까 그렇게 마구 칭찬 안 해도 돼~

엄마 그래, 그래. 알았어. 하긴 유대인들도 13세까지만 부모가 교육을 책임지고 13세 성인식을 치룬 다음부터는 되도록 간섭하지 않지.

영지 허걱~ 13세에 성인이 된다구?

엄마 그래. 유대인은 13세 때 성인식을 치르고 성인이 된단다. 그 이야기는 다음에 나눠볼까?

영지 응~ 정말 궁금하네.

02 | 유대인 자녀교육의 비결 2 |

밥상머리 교육과 베갯머리 교육

유대인 어머니는 자녀를 가르치는 것을 신성한 의무이자 권리로 생각한다. 자녀의 최초 교육자는 당연히 어머니가 되어야 하며, 그것이 유대인 어머니로 하여금 자부심을 갖게 한다. 유대인들이 가장 중요하게 여기는 것 역시 하나님과 자녀교육이다.

자녀를 동등한 인격체로 대하는 대화법

유대인 교육의 핵심은 대화법이라고 할 수 있는데, 그들은 선물로 온 자녀를 체벌하지 않고 대화로 모든 문제를 해결한다. 유대인 자녀들은 태어날 때부터 부모 말을 잘 듣고 온순한 아이들이라서 그것이 가능한 것일까? 이 물음에 대한 답은 '전혀 그렇지 않다'이다. 유대인 자녀들은 우리 눈으로 바라보면 꼬박 꼬박 말대꾸하고 토 달면서 따지는 버릇없는 아이들이다. 그럼에도 불구하고 체벌하지 않는 이유는 자녀를 동등한 인격체로 대하면서 어떤 질문이나 의견도 수용하며 토론하는 그들의 교육법 때문이다.

인성교육의 중요한 장소, 밥상머리

유대인들은 가족이 함께 식사하는 것을 가족 공동체의 중요한 의무이자 소중한 문화로 전승하고 있다. 언제나 그렇듯 식사도 감사 기도로 시작되는데, 특히 아버지는 식사를 준비한 아내를 축복하는 감사기도를 하고, 그 다음엔 아이들을 축복하는 기도를 한다. 어머니 역시 아이들을 칭찬하고 격려하는 축복기도를 하며 식사를 시작한다. 가족의 사랑이 넘치는 밥상머리 교육은 서로의 감정을 나누고 중요한 정보를 공유하는 소중한 시간이자 대대로 내려오는 소중한 문화유산을 전승하는 자리다.

유대인들은 아무리 바쁘더라도 저녁식사는 가족이 함께 하려 노력한다. 특히 밥상머리에서는 절대 훈계를 늘어놓거나 감정을 건드리는 이야기는 하지 않는다. 혹여 훈육을 해야 할 일이 있더라도 식사를 마친 후로 미룬다. 그들은 밥상머리에서도 조용히 밥만 먹는 것이 아니라 즐겁게 이야기를 나누며 아이들의 이야기를 중간에 끊지 않고 끝까지 경청한다. 하버드대 캐서린 스노우 박사의 연구에 따르면 만3세 어린이가 식사를 통한 대화에서 배우는 언어는 1,000여개인 반면 책읽기를 통해 습득하는 언어는 140여개에 불과하다고 한다.

유대인에게 밥상머리는 훌륭한 인성교육의 장이다. 그들은 밥상머리가 아버지에서 어머니, 형제간에 자연스럽게 흐르는 배려와 예의, 공손, 예절, 존경, 절제, 인내 등을 배우는 공간이라 여긴다. 전통을 철저히 지키는 보수파 유대인의 밥상머리는 마치 교회에서 교리 공부를 하는 것과 비슷하다. 예루살렘 성전이 파괴된 이후 그들은 하나님께 드리는 제사를 가정 식탁으로 가져왔기 때문이다. 그래서 유대인은 가족 밥상을 제단을 의미하는 Alter(엘터, 제단)라고 부른다. 그들은 식사 때마다 탈무드를 공부하며 식사와 가정교육, 예배가 분리되지 않고 한 자리에서 이루어지게 한다.

특히 그들의 밥상머리에서 특이한 점은 자녀 중에 결혼을 해서 가족을 떠났거나 공부나 사업 등으로 멀리 떨어져 있는 경우에도 자리를 치우지 않고 식기들을 차려 둔다는 것이다. 유대인 가족 공동체의 협동심과 단결력이 어디서 오는지 엿볼 수 있는 대목이다. 이러한 밥상머리 교육은 손님이 와도 예외 없이 계속되며, 사회적으로 바쁜 사람일수록 밥상머리 교육을 지키기 위해 더욱 최선의 노력을 기울인다. 그들에게는 사업도 중요하지만 그들의 율법에서 정한 음식규율을 지키기 위해서라도 가족 식사를 중요시하며 가족을 가치 기준 1순위에 두고 있다.

사라져 가는 우리나라의 밥상머리 교육

우리나라도 이와 비슷한 문화가 있었다. 우리 조상들도 대가족이 모여 살던 시절, 밥 먹는 자리는 가족문화를 전승하는 자리이자 어른들의 가르침을 대대로 계승하는 자리였다. 대가족의 식사시간은 마치 큰 잔치를 연상시키는데 조부모님, 부모님, 형제·자매가 모두 어우러져 식사를 하면서 자연스럽게 공손, 예의, 나눔, 절제, 배려, 협동심 등을 배우는 자리이기도 했다. 어르신이 수저를 들기 전에 수저를 드는 것을 금했으며, 어르신이 수저를 놓고 난 뒤 수저를 내려놓을 수 있었다. 어르신 중에 타지에 나가 계신 경우 어르신의 자리를 치우지 않았고, 귀가가 늦는 경우 따끈한 아랫목에 밥을 묻어 두고 식지 않도록 배려했다.

유대인과 다른 점은 이런 소중한 밥상머리 교육이 서구 문물의 유입과 양성평등, 핵가족화 등으로 깨끗이 사라져 버렸다는 것이다. 그와 함께 자연스럽게 부모의 권위도 사라져갔다. 이 뿐만이 아니다. 최근에는 점차 집 밥을 먹기 힘들어지고 있어 혼밥(혼자 밥 먹기)이 성행하고 있다. 그러다 보니 호텔급 조식 서비스를 제공하는 '밥 해주는 아파트'가 등장해서 선풍적인 인기를 끌고 있다고 한다. 아침 식사를 못하는 청소년이 많은 우리 현실에서 그나마 다행이라고 생각하는 사람들도 있겠지만 유대인의 밥상머리 교육을 생각하면 참으로 안타까운 일이 아닐 수 없다.

베갯머리 교육이 가져다 주는 독서 습관

유대인들은 밥상머리 교육 못지않게 베갯머리 교육도 중시한다. 유대인들은 세계 모든 민족을 통틀어 독서를 가장 많이 하는 민족으로 알려져 있다. 유대인 가정에는 대부분 텔레비전이 없는 대신 아이마다 자신의 책장을 갖는다. 빈 공간마다 가득 들어찬 책장에 각자의 책이 가득 차있다. 부모가 항상 책 읽는 모습을 보이기 때문에 자녀들 역시 자연스럽게 독서 습관이 몸에 배이게 된다. 특히 유대인들은 하루 일과가 끝난 뒤 잠자리에 들 때 자녀들에게 책을 읽어 주는 베갯머리 교육으로 유명하다.

아이가 돌을 지날 무렵부터 유대인들은 베갯머리에서 재미있는 이야기, 조상들에 관한 이야기 등을 들려주거나 동화책을 읽어준다. 베갯머리 교육, 즉 베드 사이드 스토리(Bed side story)를 들려주는 것은 기본적으로 아버지의 몫이다. 아이들은 아버지가 나지막한 음성으로 들려주는 이야기를 들으면서 상상의 나래를 펴며 꿈속으로 여행을 떠난다. 아이들의 안정적이고 풍부한 정서를 위해 이보다 더 좋은 교육은 없다. 그래서 유대인들은 아무리 피곤해도 아이들에게 들려주는 베드 사이드 스토리를 빼먹지 않는다.

부모의 참여로 만들어지는 유대인의 가정 교육

돌이 지날 무렵부터 13세까지 이루어지는 밥상머리 교육과 베갯머리 교육을 통해 유대인 아이들은 네 살쯤 되었을 때 평균 1,500자 이상의 풍부한 어휘력을 갖게 된다고 알려져 있다. 그리고 상당히 어려운 추상적인 개념도 쉽게 받아들이게 되고 표현력과 창의력도 좋아지며 부모와 자녀 관계도 더욱 돈독해진다.

유대인은 부모가 함께 참여하는 가정교육을 무척이나 중요하게 여긴다. 어머니는 가사양육을 주로 담당하며 밥상머리 교육을 통해 생활예절과 감성을 가르친다. 아버지는 사회활동을 주로 담당하며 베갯머리 교육을 통해 율법과 이성을 가르친다. 유대인 아이들은 어머니를 통해 존중과 수용, 예절과 인성을 배우며, 아버지를 통해 논리력과 설득력, 어휘력과 표현력을 기르고 정서와 안정을 얻는다.

유대인의 자녀교육 방식 중 밥상머리 교육과 베갯머리 교육에 대해 어떻게 생각하는가?

하브루타 토론 예시

엄마 영지양~ 유대인에 대한 궁금증을 풀어보는 시간이 왔습니다. 짜잔~

영지 아~ 13세 성인식?

엄마 아니, 오늘은 밥상머리 교육과 베갯머리 교육에 대한 이야기야.

영지 엥? 밥을 먹으면서도, 잠을 자면서도 공부를 한다고? 너무한 거 아닌가? 밥 먹다 체하겠네~

엄마 말이 교육이지 사실은 재미있는 대화라고 생각하면 돼.

영지 우와~ 그래도 일상 이야기가 아닌 책 이야기를 하는 거 아니야?

엄마 꼭 그렇지는 않아. 밥상머리에서는 주로 탈무드 주제에 관한 이야기를 하면서 서로 생각을 말하는 거야. 유대인들은 앞서 말 한대로 영유아기 때부터 자연스럽게 그런 문화가 형성되어 있어서 그 시간을 오히려 기다린다고 해. 그리고 부모여도 아이 생각을 중간에 가로막지 않고 충분히 들어주고 아이의 생각이 좋으면 적극적으로 지지해주지.

영지 아~ 그러면 정말 말하고 싶어지겠네. 우리 엄마는 나랑 자주 부딪치는데 말이야.

엄마 에고~ 그러게 …. 노력하는데 엄마도 아직 부모의 권위를 주장할 때가 많지?

영지 엄마도 나도 주장이 강한 편이긴 하지. 나도 내가 주장이 강한 편이라는 건 알아.

엄마 그래, 유대인들처럼 서로의 의견을 의견으로만 수용하게 되면 정말 좋겠다. 그렇게 하면서 인성교육까지 이루어진다고 하는데 우리나라도 옛날엔 밥상머리 교육을 했었지.

영지 그런데 왜 지금은 밥상머리 교육을 잘 안하지?

엄마 영지도 알겠지만 우리나라는 핵가족화가 되고 가족끼리 얼굴 보기가 힘들만큼 서로 바쁘잖아. 여유 있게 식사하며 대화를 나눈다는 게 불가능할 만큼.

영지 유대인들은 바쁘지 않아?

엄마 우리처럼 학원을 다니는 것도 아니고 가족 내에서 이루어지는 교육을 최우선으로 생각하기 때문에 함께 시간을 보내는 일이 많다고 해. 식사도 이야기를 나누며 두 시간 넘게 하는 경우가 많고.

영지　우와~ 그렇구나. 우리는 환경 자체가 어렵네.

엄마　그렇지는 않아. 조금씩 노력하면 불가능한 일은 아니지. 우리도 밥 먹으면서 뉴스에서 본 주제로 이야기도 나누고 하잖아. 지속적으로 하면서 서로 의견을 충분히 나눈다면 좋겠지.

영지　밥상머리는 그렇고 베갯머리에선 어떤 교육을 해?

엄마　교육이라기보다 책을 읽어 주는 거야. 잠자기 전에 모든 아이들에게 돌아가며 책을 읽어주고 질문을 하면 질문에 답변도 해주고~

영지　그건 우리나라도 많이 하잖아. 엄마도 나 어렸을 때 자기 전에 책 읽어줬고.

엄마　그렇지. 그런데 유대인은 지속적으로 하루도 거르지 않고 13세가 될 때까지도 읽어준다고 하는구나. 그렇게 해서 유대인 아이들은 평균 4세 정도 됐을 때 1,500단어 이상을 이해한다고 해. 그 덕분에 창의력과 사고력이 증진되고 공부도 더 잘하게 되는 밑거름이 되는 거지.

영지　책읽기가 그렇게 중요한지 몰랐네. 밥 먹으면서 나누는 이야기, 잠자기 전에 책읽기 같은 작은 일이 참 중요한 거구나.

엄마　그렇지? ㅎㅎ

03 | 유대인 자녀교육의 비결 3 | 기적의 공부법, 하브루타

흔히 우리나라 교육의 특징을 말할 때 주입식, 암기식 교육이라고 한다. 교육의 주체가 선생님 또는 부모가 되어 선생님이나 부모가 알고 있는 내용을 전달하는 방식인 것이다. 유대인들의 교육은 우리와 반대로 공부를 해야 하는 학생이 주체가 되어 스스로 하는 공부가 되도록 힘쓴다. 유대인은 배움이 즐거운 일이라는 것을 알게 하기 위해 여러 가지 노력을 한다. 책에 꿀을 발라준다는 표현도 배움을 즐겁게 받아들이도록 노력하는 유대인들의 모습을 상징하는 것이다.

앞서 살펴본 대로 평소 베갯머리 교육으로 재미있는 이야기를 들려주고 'Why?' 게임, 수수께끼 등의 질문 게임으로 호기심을 불러일으킨다. 그들이 중요하게 생각하는 교육방법은 특별한 것이 아니다. 언제 어디서나 아이들이 호기심을 갖고 질문을 하도록 유도하는 것이다. 그래서 다양한 이야기 만들기, 수수께끼 놀이 등은 재미있게 호기심을 유발시키는 좋은 교육방법이 된다.

끊임없는 질문과 대답, 하브루타 교육

학교에 가면 선생님 말씀을 잘 듣도록 하는 우리와 달리 질문을 중요시하는 유대인들은 학교에 가는 아이에게 무엇이든 모르는 것은 선생님께 물어 보라고 가르친다. 유대인 학교는 아이들의 질문과 교사의 대답, 그리고 다시 이어지는 교사의 질문과 아이들의 대답, 짝과 함께 하는 질문과 대답 등으로 무척이나 시끄럽다. 이런 교육 방식을 '하브루타(Havruta)'라고 하는데, '하브루타'란 히브리어로 짝을 뜻하는 하베르에서 파생된 말로, 짝과 함께 질문하고 답변하며 토론하는 유대인 특유의 교육 방법을 뜻한다. 하브루타는 가정이나 학교에서 부모나 친구와 함께 토라, 탈무드를 예습하는 것을 뜻하며, 쉬우르(히브리어로 수업을 의미)는 회당이나 예시바 대학에서 랍비와 함께 토라, 탈무드를 수업하는 것을 의미한다. 한국에서는 가정과 학교에서 하브루타와 쉬우르를 혼합한 수업 방식이 현실적이다.

아이들은 선생님이 제시해준 주제에 대해 가정에서 미리 부모님과 함께 탈무드 내용을 공부한다. 집에서도 역시 질문과 대답으로 이어지는 하브루타 방식을 취한다. 이렇게 미리 충분히 내용을 조사하고 나서 학교에 가서는 공부하다가 부족했던 내용, 잘 몰랐던 부분, 의문이 들었던 부분 등에 대해 선생님에게 질문을 퍼부어댄다. 아이들의 질문으로 정신이 쏙 나갈 법도 한데 유대인 선생님은 기꺼이 일일이 답변을 해주고 다시 질문으로 부족한 부분을 스스로 깨닫도록 도와준다.

유대인 선생님이 수업시간에 아이들에게 가장 많이 하는 말이 있는데 바로 '너의 생각은 어떠니?', '네 생각은 뭐지?'라는 의미의 '마따호쉐프(What do you think)?'이다. 선생님은 아이들의 숫자만큼 이 질문을 외친다. 아이들 각자의 생각을 중요시 하는 것이고, 아이들 각자의 의견을 존중하는 것이다.

질문을 통해 말하는 공부법, 하브루타의 효과

교육에 있어 질문이 왜 중요할까? 질문을 하는 것은 적극적인 배움을 가능하게 하는 열쇠와도 같다. 오랜 기간 질문을 연구해 온 하브루타교육협회 김정완 이사는 〈질문 잘하는 유대인 질문 못하는 한국인〉에서 유대인이 질문의 문화를 만든 것은 유대교가 배움의 종교이기 때문이라고 말한다. 그리고 전능하신 하나님은 질문할 필요가 없지만 하나님의 명령을 수행해야 하는 인간은 하나님의 율법을 이해하기 위해 신에게 끊임없이 질문을 해야 했기 때문이라고 덧붙인다. 즉, 질문은 인간에게 주어진 특권이자 의무라는 것이다.

그는 또 이렇게 말한다.

"질문 속에는 의문이 들어 있다. 의문에 그것을 알고자 하는 의지가 더해지면 질문이 된다."

그렇다. 우리는 어떤 대상에 호기심을 갖게 되면 자연스럽게 의문이 생긴다. 그 의문을 풀고자 하는 적극적인 의지가 더해지면 그 대상에게 질문을 하게 되는 것이다. 상대에게 질문을 한다는 것은 상대를 존중하는 행위가 되기도 한다. 질문을 한다는 것은 상대의 이야기를 경청하겠다는 의미이기 때문이고 상대가 질문에 대한 해답을 줄 수 있는 사람이라는 의미다. 그런 의미에서 질문을 잃어버린 우리 교육은 알고자 하는 의지도, 상호 존중도 잃어버린 것이라고 볼 수 있다. 교육에서 교사나 부모가 일방적으로 가르치는 것이 아니라 질문을 권장하고 아이들의 질문을 통해 토론을 하며 스스로 문제를 해결해 나가도록 하는 교육방법을 하브루타 교육이라 할 수 있다. 유대인은 그들의 경전 토라와 탈무드로 하브루타를 하며 공부한다.

그렇다면 질문하며 말하는 공부법 하브루타는 정말 효과가 있을까? 이런 궁금증을 해결하기 위해 2014년 EBS 다큐프라임 6부작 '왜 우리는 대학에 가는가 - 5부 말문을 터라'에서 '말하는 공부방, 조용한 공부방' 실험이 있었다. 결과는 놀라웠다. 말하는 공부방이 단답형 점수, 수능형 점수, 서술형 점수 모두 두 배 가까운 점수를 받은 것이다. 이유는 간단했다. 눈으로만 읽는 공부는 다 알고 있다고 착각을 하게 되는데, 공부한 내용을 설명해 보면 내가 잘 모르고 있는 부분은 설명할 수 없게 된다. 바로 메타인지가 작동하는 것이다. 하브루타는 내가 뭘 알고 있고 뭘 모르고 있는지

구분해주는 또 다른 인지인 '메타인지'를 활용한 공부법인 것이다.

하브루타를 보는 또 다른 견해

이스라엘 히브리대학교에서 정치사회학과 성서학 석사학위를 받고 한동대학교 히브리대학 센터장으로 있는 유진상 교수는 하브루타에 대해 조금 다른 견해를 갖고 있다. 정작 자신의 아이들을 이스라엘에서 공부시키고 있지만 이스라엘에서는 '하브루타'라는 말을 별로 쓰지 않는다는 것이다. 정통파 유대인 중에 종교적 학교 예시바에서만 하루 종일 하브루타 토론을 하며 하브루타가 유대인들을 성공으로 이끈 것은 아니라는 것이다. 그의 주장으로는 '하브루타 = 유대교육'이라는 등식은 잘못된 것이고 하브루타의 핵심은 '우정 또는 친구간의 관계'로 볼 수 있다는 것이다.

우리도 이 부분에 주목하면서 하브루타를 새로운 교육법의 하나이자 현상에 불과한 '방법론'으로 받아들이지 않으려 한다. 하브루타는 앞으로 다루게 될 후츠파 정신이나 쩨다카 등 유대인의 공동체 문화를 가능하게 만든 바탕이다. 하브루타는 친구를 인정하고 배려하며 서로 돕는 따뜻하고 안정적인 관계를 형성하도록 돕는다. 이런 안정적인 관계가 형성되면 그 안에서 서로 질문하고 토론하며 공부하는 것은 자연스러운 일이고, 그동안 우리가 주목해온 대로 더 나은 공부 방법도 될 수 있다.

아이가 수시로 질문을 해 올 때 나는 차분하게 질문에 대해 아이와 대화를 나눈 적이 있는가?

하브루타 토론 예시

엄마　그런데 영지야 유대인들이 어떤 방법으로 공부하는지 혹시 아니?

영지　엄마가 전파하고 있는 거 아냐? 하브루타.

엄마　오~ 기억하는구나? ㅎㅎ

영지　엄마가 만날 '하브루타, 하브루타' 하잖아. 많이 들어 봤지.

엄마　아까 말한대로 탈무드 주제를 가지고 떠오르는 질문을 하고 그 질문에 대한 자신의 생각을 말하고 서로 생각이 다르면 토론 논쟁까지 하는 방법이고 사실 우리가 자주 하고 있는 대화라고 보면 돼.

영지　특별한 내용이 없네? 나는 무슨 특별한 방법이 있는 줄 알았어. 게다가 우리가 이미 하고 있다니 놀랍네.

엄마　그래, 유대인들의 교육법을 보면 아주 특별한 건 하나도 없단다. 이미 우리도 하고 있는 것들이 많고.

영지　그런데 왜 유대인이 하브루타 때문에 우수하다고 이야기 하는 거야?

엄마　오~ 정말 좋은 질문인데? 사실 유대인이 대단한 성취를 보이는 건 하브루타 하나 때문만은 아니란다. 그런데 우리 교육방법과 정 반대로 학생들이 질문을 하고 선생님은 학생들의 질문을 소중하게 여기고, 성실하게 답변을 해주고는 다시 질문을 던져서 더 깊은 내용을 생각하게 유도하는 방법으로 공부를 하니까 그 부분이 우리와 달라 특별해 보인거지.

영지　그럼 하브루타라는 것도 유행처럼 왔다 가는 거 아니야? 별 것 없는 내용이니까.

엄마　그렇지 않아. 왜냐하면 거기서 제일 중요한 게 엄마는 '질문'이라고 생각해. 너희 교실 수업이나 학원 수업을 생각해봐. 학교에서 네가 궁금한 걸 자꾸 물어볼 수 있니?

영지　아니~ 사실은 물어볼 것도 없어.

엄마　저런. 물어볼 것도 없다는 건 안타까운 일인데?

영지　질문할 분위기도 아니고 질문할 시간도 없으니까 자연스럽게 궁금한 것도 없는 거지.

엄마　그래. 좋은 답변이네~ 그게 바로 유대인이 하는 하브루타와 큰 차이점이야. 유대인들은 궁금한 게 너무 많아서 교실이 아이들의 질문으로 정신이 쏙 나갈 정도로 시끄러워~ 심지어는 도서관도 마찬가지야. 잠깐 이 유튜브 영상을 볼래? 1분짜리니까 금방 볼 거야~

영지　와~ 이게 공부하는 거야? 모르는 사람끼리 격렬하게 토론을 한다고? 그렇게 해서 공부가 되나?

엄마　그렇게 생각하기 쉽지. 그래서 2014년 EBS에서 '말하는 공부방, 조용한 공부방' 실험을 했는데 결과는 말하는 공부방이 2배 가까운 성취도를 보였단다.

영지　왜 그렇지? 말하면서 공부하면 집중력이 떨어질 텐데?

엄마　내가 잘 모르는 내용을 설명할 수 있을까?

영지　모르는 건 설명하기 힘들겠지?

엄마　바로 그거야. 평소에 그냥 눈으로 읽기만 하면서 공부를 하면 다 알고 있다고 착각을 하게 되지. 그런데 짝한테 안보고 설명을 해보면 내가 잘 모르는 게 뭔지 알 수 있게 되겠지? 그게 바로 메타인지라는 거란다. 내가 뭘 알고 있고 뭘 모르고 있는지 구분해주는 또 다른 인지이지. 유대인들은 '말로 설명할 수 없으면 모르는 거다.'라는 격언까지 있다고 해.

영지　그런데 서로 사이가 좋지 않은 경우에도 하브루타가 가능할까?

엄마　우리 영지 질문이 점점 예리해지는 걸?

영지　고슴도치 엄마 또 나타나셨네요~

엄마　그래, 정확한 지적이야. 그래서 사실 유대인 아이들은 초등학교 6년을 계속 같이 공부한다고 해. 그 안에서 서로 다투기도 하고 화해하기도 하고 서로에 대해 충분히 친해지는 시간을 가지면서 형제처럼 지내게 되기 때문에 그 안에서 자연스럽게 질문도 하고 토론도 하는 하브루타를 할 수 있게 된다는 구나.

영지　우리나라는 어떤 새로운 교육방법이 나타나면 무조건 급하게 받아들이는 게 문제인 것 같아.

엄마　그런 부분도 없지 않지. 그런데 하브루타에 담긴 철학을 이해하면서 먼저 관계 회복에 중점을 둔다면 아까 말한 하브루타의 효과들도 점진적으로 나타날 수 있겠지?

영지 맞아 엄마. 우리도 기분이 좋을 때 이렇게 대화가 술술 나오듯이 말이야~

엄마 ㅎㅎ

04

| 유대인 자녀교육의 비결 4 |

불굴의 도전 정신, 후츠파

당돌하게 말하라, 후츠파 정신

이스라엘 어디를 가나 부모와 자녀가 논쟁하는 모습을 심심치 않게 볼 수 있다고 한다. 아이가 원하는 게 있는데 부모가 들어줄 마음이 없다면 몇 시간이 걸리더라도 정당한 이유를 설명하고 아이의 의견을 들은 후 결정한다. 이런 교육은 아이로 하여금 어디서나 당당하게 자신의 의견을 말하며 논리력과 자신감을 향상시키는 뛰어난 교육법이 된다. 뿐만 아니라 교실이나 예배당에서도 유대인 아이들은 끊임없이 질문을 해대고, 그 질문에 대한 명쾌한 해답을 들을 때까지 묻고 또 묻는다.

직장에서도 마찬가지다. 자신의 의견이 있거나 상대와 다른 생각이 있거나 의문이 생긴다면 누구든 가리지 않는다. 상대가 상사이든 거래처 고

객이든 당당하게 자신의 생각을 말하고 질문을 통해 의견을 주고받는다. 유대인은 직장에서의 직급은 높낮이를 말하는 것이 아니라 일의 편의상 분류하는 것일 뿐이라고 생각한다.

이렇게 어디서나 당당하게 자신의 의견을 말하고 뻔뻔할 정도로 당돌하게 질문하는 유대인들의 문화를 '후츠파'라고 말한다. '후츠파(chutzpah)'는 유대인 특유의 문화로 '뻔뻔스러운', '당돌한', '오만한' 등의 뜻과 함께 '도전적인', '용기 있는', '배짱 두둑한' 등의 의미도 담고 있다. 유대인들은 지위 고하를 막론하고 하나의 주제에 대해 상이한 의견이 있다면 끝장토론을 벌인다. 그들은 자신의 의견을 말하거나 다른 사람의 의견을 수용하는 것을 두려워하지 않는다. 그들은 얼굴이 붉어지도록 격렬하게 토론하고 논쟁하며 결론을 이끌어 낸 후에는 아무 일 없었다는 듯이 웃으며 헤어진다. 실패를 두려워하지 않고 서로의 의견을 발전시켜 창의적인 방법을 고안해내는 유대인의 후츠파 정신은 그들을 세계 최고의 창업 국가로 만든 원동력이 되고 있다.

후츠파에 담긴 유대인의 정신 7가지

정보통신산업진흥원 원장과 미래창조과학부 제2차관을 지낸 윤종록 가천대 석좌교수는 〈후츠파로 일어서라〉에서 후츠파에 담긴 유대인의 창조정신을 7가지로 설명하고 있다. 즉, 형식의 파괴, 질문의 권리, 상상력과 섞임, 목표 지향, 끈질김, 실패로부터의 교훈, 위험의 감수 등이다. 하나씩 그 뜻을 살펴보자.

1. 형식의 파괴

유대인을 무례한 사람으로 보는 이유가 바로 이것 때문이다. 히브리어에는 '실례(excuse me)'라는 단어가 없다. 그들은 궁금한 게 있을 때 전후좌우 따지지 않고 바로 본론으로 들어가 질문을 한다. 또한 그들에게는 존칭, 경칭이 없다. 부모조차 이름을 부른다. 그들은 언제 어디서나 자기의 생각을 명확하게 말하고 적극적으로 표현하며 당당하게 요구한다.

2. 질문의 권리

어릴 때 가정에서부터 끊임없이 질문과 토론으로 성장한 유대인들은 어디에서나 당당하게 질문하는 것을 당연하게 여긴다. 유대인은 토론을 통해 생각을 '생산'하고 질문을 통해 생산해낸 생각을 '교환'한다. 끊임없는 지식 생산을 위해 그들은 끊임없이 생각하고 토론하며 지식경제를 이끌어간다. 그들에게는 생각이 생산물이기 때문에 같은 대답을 하는 것을 제일 싫어한다. 끝없이 새롭게 상상하고 질문을 통해 생각을 발전시키며 토론을 통해 새롭게 생산한 결과물을 교환하며, 거침없는 도전으로 놀라운 발전을 거듭하고 있는 것이다.

3. 상상력과 섞임

이것은 한마디로 매쉬업(Mash-up : 서로 다른 것을 섞어 새로운 것을 창출함)을 뜻한다. 세계에서 거대한 융합기술의 선두는 미국이 아닌 이스라엘이 차지하고 있다. 이스라엘은 최근 각광받고 있는 바이오헬스 분야에서 벤처기업의 70% 이상을 배출하고 있는데, 바로 그들의 후츠파 정신이 학문간 경계를 허물고 서로 융합하면서 만들어 낸 것이다. 전혀 상관없어 보이는 분야의 전문가가 섞여 융통성을 발휘하면서 상상력을 동원해 최선의 새로운 해답을 만들어 내는 것이다.

4. 실패로부터의 교훈

혁신적인 발명품 중 하나인 USB 메모리는 '도브 모란'이라는 이스라엘 벤처 영웅의 실패 경험에서 비롯되었다고 한다. 뉴욕의 컨퍼런스에서 발표를 해야 했던 모란은 노트북이 고장 나 발표 자료를 공개하지 못했다. 그 뼈아픈 경험으로 언제 어디서나 휴대할 수 있는 메모리를 구상하게 되었고, 이를 실현해낸 것이 USB 메모리인 것이다. 우리는 한 사람의 실패 경험을 통해 편리하고 자유롭게 자료를 저장하고 출력할 수 있게 되었다. 유대인들은 실패를 두려워하지 않을 뿐 아니라 실패의 경험을 통해 배운 사람, 즉 '비추이스트(Bitzu'ist)' 정신을 가진 사람을 우대한다. 비추이스트란 진취적인 행동주의자 또는 목표한 것은 반드시 이루고야 마는 사람을 뜻한다.

5. 목표지향

이스라엘은 19세기 후반부터 20세기 초반 '시오니즘(Zionism)'의 영향으로 유럽 각지에 흩어져 있던 대규모의 유대인이 팔레스타인으로 이주하면서 네 차례의 전쟁과 수많은 자살테러가 만연했던 격전지이다. 시오니즘(시온주의)은 유대인의 고국 팔레스타인에 유대인 국가를 건설하자는 운동을 뜻한다. 사방이 적으로 둘러싸인 이러한 환경에서도 이스라엘 사람들은 고난과 시련이 닥치면 '문제를 어떻게 해결할까?'에 오롯이 집중한다. 그들은 어떤 환경 속에서도 하나님이 선택한 민족이라는 선민의식과 유일신의 유대교 문화를 지키겠다는 목표를 잃지 않고, 이것을 지키기 위한 처절한 몸부림으로 시대를 앞서가는 통찰력을 갖게 된 것이다.

6. 끈질김

'젖과 꿀이 흐르는 땅, 이스라엘'이란 말이 있다. 모래 사막으로 이루어진 이스라엘을 두고 어떻게 젖과 꿀이 흐르는 땅이라고 말할 수 있을까? 그러나 자동차로 두 시간이면 끝에 다다를 만큼 작은 땅, 풀 한포기 나지 않는 모래 땅, 아무런 자원이 나지 않는 불모지의 땅이었기에 오히려 유대인들은 그런 지리적 한계를 극복하고 하나님이 주신 말씀을 실현하기 위해 불가능을 가능으로 만들 수 있었다. 작은 영토적 한계와 적들에게 둘러싸인 환경은 그들에게 국토를 뛰어넘는 인터넷 세상을 갈망하게 했고, 포털 서비스를 장악하게 했다. 또한 모래 바람을 일으키는 사막을 일궈 세계 최고의 농업국가가 되었고, 기름 한 방울 나지 않는 나라였기에 원자력 기술을 연구했다. 그리고 시오니즘의 영향으로 넘쳐나는 이민자들을 수용해 지식기반의 브레인 파워를 갖게 되었다. 그들의 모든 성공은 하나님이 주신 축복의 땅에 대한 믿음과 부족함에 대한 갈망에서 비롯되었다. 그들은 하나님이 그들에게 주신 이 땅을 축복의 땅으로 바꾸기 위해 절대 포기하는 법이 없었다.

7. 위험의 감수

20세기 초 나치의 유대인 대학살(홀로코스트)은 이루 말할 수 없을 만큼 끔찍한 사건이었다. 홀로코스트에서 간신히 살아남은 유대인들은 팔레스타인으로 도망치거나 유럽 각국으로 흩어졌다(디아스포라). 그러나 유럽 각국은 유대인을 색출해서 쫓아내고 입국을 철저히 봉쇄했다. 유대인들은 어떻게든 살아남기 위해 숨어 지내거나 자신들을 받아주는 곳을 찾아 정처없이 떠돌아야 했다. 팔레스타인을 식민 지배하고 있던 영국마저 1939년부터 엄격한 이민정책으로 유대인의 입국을 막았다. 이런 뼈아픈 과거에 대한 보상으로 이스라엘은 1948년 건국과 함께 적극적인 이민자 수용정책을 폈다. 1950년 제정한 '귀환법'으로 모든 유대인은 이스라엘로 돌아올 법적 권리를 갖게 되어, 유대인이라면 공항에 도착함과 동시에 시민권을 부여 받을 수 있었다.

유대인에 대한 정의도 확장되어 어머니가 유대인이거나 유대교를 믿는 사람, 유대인의 배우자, 유대인의 직계 존비속과 배우자 모두 받아들여졌다. 이스라엘은 대규모 이민자 수용정책에 의해 70%의 인구가 이민자로 채워졌다. 이스라엘 정부는 새로운 이민자들의 정착을 돕기 위해 히브리어 교육, 전문기술 교육, 사회적응을 위한 프로그램 등을 운영하며 삶의 터전을 마련해주었다. 이스라엘은 실업 등 심각한 사회 혼란 등의 위험을 겪으면서도 이민자들 덕분에 국가 경쟁력의 발판을 마련하고, 지식 자산을 축적할 수 있었다. 특히 100만 명이 이주해온 러시아 유대인을 수용하기 위해 이스라엘 정부는 24개의 기술 인큐베이터를 만들어 의학, 수학, 과학 연구자들에게 최고의 예우를 해주었고, 성공적으로 정착에 성공한 이민자들로 인해 인터넷 보안기술, 의료 및 바이오 융합기술 등의 독보적 국가가 되었다. 이스라엘이 창업국가로 명명되는 이유도 바로 위험을 감수하며 정착한 이민자들의 인력난을 해소하는 과정에서 자연스럽게 얻어진 결과이다.

언제 어디서나 상대를 배려하면서도 당당하게 자기 의견을 말한다는 것은 어떤 의미인가?

하브루타 토론 예시

엄마 아까 영지가 왜 사람들은 유대인이 하브루타 때문에 우수하다고 말 하느냐고 물었지?

영지 응. 그런데 하브루타 하나 때문이 아니라면서.

엄마 그래, 엄마는 하브루타와 유대인에 대해 공부하면서 정말 놀랍고 부러운 그들의 전통과 문화가 많다는 사실을 알게 되었어. 지금 유대인이 저렇게 엄청난 부를 갖게 되고 노벨상을 휩쓸고, 세계적인 기업들을 소유하고, 영화산업·언론사·방송사·월스트리트 등 모든 분야에서 탁월한 파워를 발휘할 수밖에 없는 이유 말이야.

영지 정말 들으면 들을수록 놀라운 민족이네.

엄마 그런데 우리도 그들과 비슷한 면이 많단다. 그래서 유대인들에게서 배울 점을 비판적으로 수용하고 우리가 갖고 있던 우수한 면들을 되살리면 한민족의 우수성을 되살릴 수 있을 거라 믿어.

영지 우리 엄마 대단한 결의가 보이는 걸? 오~ 좀 멋진데? 내가 도와줄 일이 있을까?

엄마 엄마랑 이렇게 하브루타 대화 열심히 나눠주는 것이 크게 도와주는 일이야~

영지 ㅎㅎ 기쁘네~

엄마 하브루타 말고도 유대인을 우수하게 만든 배경들을 하나씩 알아볼까?

영지 나도 궁금해졌어.

엄마 그래 다행이다. 그들에 대해 완벽히 알 수는 없지만 지금까지 공부해온 내용으로 이야기 나눠 보자. 먼저, 엄마가 놀라웠던 그들의 문화 중 한 가지가 바로 '후츠파 정신'이란다.

영지 후츠파? 후추랑 상관이 있나?

엄마 하하. 엄만 생각 못했는데 후추 뿌리는 걸 생각해도 되겠네. 후츠파란 어디서나 당당하게 자신의 의견을 말하고 뻔뻔할 정도로 당돌하게 질문하는 유대인들의 문화를 말하는데 '뻔뻔스러운', '당돌한', '오만한' 등의 뜻과 함께 '도전적인', '용기 있는', '배짱 두둑한' 등의 의미도 담고 있다고 해.

영지 와~ 뻔뻔하고 당돌하게? 내 성격에 맞는 정신인데? 맘에 들어~

엄마 맞아~ 우리 영지는 자기 뜻을 관철하는 후츠파 정신이 있지. ㅎㅎ 유대인들은 후츠파 정신으로 자기보다 높은 사람이거나 어른이거나 상관없이 의견이 다르다면 끝장토론을 벌이기도 해. 그런데 얼굴을 붉히며 격렬하게 토론·논쟁하고도 토론이 끝나면 악수하며 깔끔하게 마무리 하지.

영지 와~ 정말 부럽다. 우리는 '어디서 감히 어른한테 대드느냐!'는 말을 많이 듣는데 말이야. 이제 나도 후츠파 정신으로 무장하고 할 이야기는 다 할 테니 그렇게 이해해줘~

엄마 에고~ 살살 하자~ 영지야 ㅎㅎㅎ

05 | 유대인 자녀교육의 비결 5 | 13세 성인식, 바르미쯔바

'바르미쯔바'란 유대인의 13세 성인식을 뜻하는 말로써 히브리어로 '율법의 아들이 되었다.'란 의미다. 유대인 남자 아이는 13세가 되면 성인식을 치르고 성인이 된다. 최근에는 여자 아이도 발달 단계를 고려해 남자보다 한 해 빠른 12세에 '바트미쯔바'라는 성인식을 치른다. 유대인은 13세까지 부모가 전적으로 교육을 책임지지만 성인이 된 이후부터는 하나님의 도움을 받으며 스스로 평생 공부를 하게 된다. 이제 부모님을 통하지 않고 하나님과 직접 인격적으로 만나는 것이다. 성인식을 치른 자녀는 613개의 율법을 지킬 의무가 주어진다. 부모의 입장에서는 자녀에 대한 모든 책임을 내려놓고 하나님께 온전히 맡기는 날로 우리나라의 결혼식 못지않게 성대하게 치러진다. 바르미쯔바는 매주 화요일과 목요일 예루살렘 서쪽 벽(통곡의 벽) 광장에서 진행된다.

왜 13세인가?

유대인 성인식은 하나님과 직접 계약을 맺는 날이다. 성인식을 치르는 아이는 이제부터 하나님의 계명을 스스로 지켜야 하며 종교적인 모든 행동에 책임을 지게 된다. 유대교에서는 토라를 통해 평생 공부하고 하나님이 창조하신 세상을 더 완전하게 하기 위해 자신에게 부여된 달란트를 찾아내어 인류 발전에 공헌하여야 하는데 이제부터 이러한 의무를 스스로 온전히 감당해야 하는 것이다.

유대인의 종교관에 따르면 사람의 영혼 세계에는 여러 층이 있다. 그 중 '네샤마(Neshamah)'라 불리는 영혼 세계가 13세에 시작된다. 이 세계에서는 지각을 갖춘 판단력을 갖게 되기 때문에 하나님과 계약을 맺을 능력이 있다고 믿는다.

유대인은 이 성인식 준비를 위해 보통 1년을 준비한다. 성인식을 맞는 아이는 준비하는 기간 동안 하나님이 자신을 이 세상에 왜 보냈으며, 앞으로 자신이 어떤 일을 하며 인류 발전에 공헌해야 하는지 깊이 성찰한다. 성인식은 그렇게 고민했던 자기 자신의 정체성에 대해 선포하는 자리인 것이다. 탈무드에 열세 살은 성경의 가르침대로 살아갈 나이, 열여덟 살은 결혼적령기, 스무 살은 경제적 책임을 질 수 있는 나이라고 되어 있다.

종교적으로 독립을 의미하는 성인식

성인식을 맞은 소년은 두루마리 토라를 펼치고 히브리어로 토라의 한 구절을 낭송한다. 그들은 많은 사람들 앞에서 토라를 낭송하는 것 자체를 특별한 축복으로 여긴다. 소년이 토라를 낭송하면 부모는 '이 아이에 대한 모든 책임을 면하게 해주신 하나님을 찬송합니다.'라고 화답하며 앞으로 모든 종교적 책임이 본인에게 있음을 확인한다.

다음 순서는 성인식을 맞은 소년이 유대 율법 중 한 가지를 강론하는 '드라샤'로 이어진다. 소년은 이 설교를 위해 1년 동안 원고를 쓰고 다듬고 강론 준비를 한다. 설교를 하는 의미는 이제 성인으로서 남들 앞에서 자신의 의견을 당당하게 주장할 수 있음을 뜻한다.

강론을 마치고 나면 랍비로부터 테필린을 수여받는다. 이 테필린을 수여하는 이유는 신명기 6장 4절에서 9절까지의 말씀에 따라 평생 동안 '쉐마'를 암송하며 실천하도록 하기 위함이다. 유대인들은 하루 세 번 쉐마를 암송하는 의식을 행하며 자녀에게 가르쳐 왔다.

테필린을 수여 받고 나면 부모와 하객들로부터 세 가지 선물을 받는데 바로 성경책, 손목시계, 축의금이다. 그 중 성경은 이제 신과 계약한 당사자로서 신 앞에 부끄럽지 않도록 스스로 책임지는 삶을 살겠다는 뜻이고, 시계는 시간을 중요하게 여기라는 의미다. 아울러 축의금으로 하객들은 보통 200~300달러(20~30만원)를 들고 오는 것으로 알려져 있고, 일가 친척들은 좀 더 많은 돈을 축하금으로 준비한다. 특히 조부모나 부모는 유산을 물려준다는 의미로 제법 큰돈을 준비하는 것으로 알려져 있다.

성인식 축하금이 훗날 독립 자금

유대인들은 성인식 축하금으로 들어온 제법 많은 돈을 본격적으로 부모의 품을 떠나는 18세까지 아이 이름으로 주식과 채권, 정기예금 등으로 나누어 투자한다. 우리가 알고 있는 포트폴리오의 개념이 여기서 나왔다고 한다. 훗날 아이는 몇 배에서 몇 십 배로 불어있는 큰돈을 독립 자금으로 사용하게 된다. 성인이 되어 사회생활을 시작할 때 이 돈이 마중물이 되어주는 것이다. 우리나라 다수의 대학생들이 사회에 진출하면서부터 학자금 대출 부담을 지고 나오는 것과는 천지 차이다. 출발점부터가 다른 것이다. 아이들은 자신의 이름으로 투자된 주식이나 채권, 경제동향, 국제정세, 글로벌 기업 등에 자연스럽게 관심을 갖게 되어 저절로 경제공부를 하게 된다.

사회생활을 시작하기도 전에 금융 마인드로 무장하게 되는 유대인. 그들의 독특한 성인식 문화 역시 그들이 글로벌 파워를 갖게 만든 원동력이었다. 성인식을 마친 소년은 이제 모든 책임을 스스로 져야 하고 성인으로서 직업을 갖거나 결혼을 할 수도 있다.

13세에 성인으로 인정하는 유대인 문화에 대해서 어떻게 생각하는가?

하브루타 토론 예시

엄마 유대인 이야기 재미있어?

영지 배울 점이 많은 민족인 것 같아. 특히 후츠파 정신.

엄마 아~ 그래? 그런데 후츠파 정신을 '어른들에게도 당당하게 주장하는 정신' 정도로 오해하면 안 된단다. 그들에게 후츠파 정신은 '형식 파괴, 질문의 권리, 상상력과 섞임, 목표 지향, 끈질김, 실패로부터의 교훈, 위험의 감수' 등 7가지 정도로 말할 수 있을 만큼 중요한 것이거든. 세부적인 내용은 나중에 다시 나눠보자.

영지 오케이.

엄마 유대인 문화 중에 그들을 세계적인 부호로 만들게 된 배경이 된 문화가 있어.

영지 그게 뭔데?

엄마 13세 성인식이란다.

영지 엥? 13세에 성인이 된다고? 그럼 결혼도 하는 거야?

엄마 응 맞아~ 결혼을 꼭 해야 하는 것이 아니라 결혼도 할 수 있는 나이로 인정하는 거지.

영지 어린 아이가 결혼을 하다니. 그건 정말 의외인데? 일찍 결혼할 수 있는 거랑, 부자가 되는 거랑 무슨 관련이 있지?

엄마 좋은 질문이야~ 13세 성인이 될 때 유대인들은 우리나라 결혼식 하듯이 성대한 성인식 잔치를 한단다.

영지 우와~ 그렇구나. 그럼 성인식 때 결혼식처럼 사람들이 축의금도 들고 오겠네?

엄마 빙고~ 바로 그거야. 유대인들은 성인식 때 보통 한 사람이 200~300불을 축의금으로 건넨대. 우리 돈으로 약 20~30만원 정도 되는 돈이지.

영지 정말 많이 주는 구나~

엄마 가족들은 더 많이 준다고 해. 부모는 유산을 물려주듯이 꽤 큰돈을 아이의 미래를 위해 준다고 해. 형편마다 액수는 좀 다르겠지만 성인식 때 들어오는 돈을 합하면 우리 돈으로 약 1억 가까운 돈이 되는 것으로 알고 있어. 그 돈을 다 모아서 투자 통장을 만들어 넣어 주는 거지.

영지　대박~ 그럼 그 큰돈으로 뭘 하는 거야?

엄마　그 돈을 바로 쓰는 건 아니고 탈무드에 '열세 살은 성경의 가르침대로 살아갈 나이, 열여덟 살은 결혼적령기, 스무 살은 경제적 책임을 질 수 있는 나이'라고 나와 있는 대로 13세 성인식은 율법을 스스로 지켜나갈 책임을 갖게 된 데 의의를 두는 거야. 들어온 축의금은 주식, 채권, 현물 등으로 나누어 투자 한 다음에 스무 살 때쯤 본격적인 경제활동을 시작한다고 보면 되는 거지.

영지　우와~ 정말 놀라운 제도네.

엄마　그래 맞아. 13세 때 1억이 훨씬 넘는 돈을 받아 투자하면 7년 정도 후 경제주체가 될 때는 수십 배로 불어 있다는 거야. 그 돈을 가지고 뭐든 해볼 수 있는 거지. 그래서 유대인 중에는 마크 주커버그 같은 창업가들이 많고 이스라엘을 창업국가라고 부르는 배경 중에 하나가 되고 있지. 엄마가 앞서 말한 대로 13세 성인식이라는 독특한 문화가 그들을 세계적 부호로 만들고 있는 원동력 중 하나라고 볼 수 있지 않을까?

영지　놀랍네. 정말~ 우리나라도 13세 성인식을 하면 정말 좋겠다.

엄마　엄마도 그렇게 생각해. 엄마가 매년 강의하러 가는 창원의 한 회사는 회사차원에서 13세 성인식을 4년째 하고 있단다. 엄마가 성인식 행사를 맡아서 하고 있고, 회사와 부모가 반씩 부담해서 투자통장을 만들어 주는 거지. 그런 의식이 깨어있는 기업이 많아졌으면 좋겠어.

| 유대인 자녀교육의 비결 6 |

06 세상을 개선시켜 나가야 하는 책임, 티쿤 올람 사상

'티쿤 올람(Tikun Olam)'이란 세상을 개선시켜 완성해야 할 대상이라고 보는 유대인의 사상을 의미한다. 유대교에서는 진화론을 부정하지 않는다. 그들은 진화를 단계별로 형성되는 하나의 창조라고 본다. 티쿤 올람 사상은 유대교의 중요한 기본 사상 중의 하나인데, 신이 만든 세상은 아직 완전하지 않으니 하나님의 동반자인 인간이 개선시키고 완전하게 만들어 가며 질서를 회복시켜야 한다는 것이다. 즉, 신의 창조행위를 돕는 것이 신이 부여한 인간의 책임이라는 것이다.

예를 들어 누군가 많은 재산을 소유했다면 타인의 소유가 한 사람에게 집중된 것이기 때문에 잘못된 질서다. 그래서 이것을 개선시키고 질서를 유지해야 하기 때문에 그들은 자선을 통해 원래의 소유자에게 돌려줘야 한다고 말한다. 자선을 뜻하는 쩨다카(Tzedakah)가 자선의 의미보다 '당연히 해야 할 행위, 정의, 올바름, 공정함'을 뜻하는 단어라는 것을 보면 잘못된 질서를 바로 잡으려는 티쿤 올람 사상을 느낄 수 있다.

티쿤 올람 사상의 실천 예

하나님이 창조하신 인간은 불완전하게 태어나 질병에 의해 고통받는 존재이기 때문에 이를 개선하기 위해 의학 산업을 발달시킨 것도 티쿤 올람 사상 때문이었다. 그들은 창조주 하나님의 동반자로서 질병으로 고통받는 인간을 돕기 위해 페니실린, 스트렙토마이신, 인슐린, 소아마비 백신 등을 발견해냈고 많은 생명을 질병으로부터 구해냈다.

유대인들 중에 노벨상 수상자가 많은 이유 역시 세상을 개선시키고자 노력한 유대인들의 티쿤 올람 사상 때문이라고 볼 수 있다. 그들은 하나님이 인간에게 부여한 재능은 하나님이 창조하신 세상을 좀 더 살기 좋고 풍요롭게 만들기 위함이며 인간은 그 책임과 의무를 다해야 한다고 생각한다. 그리고 그 선봉에 유대인들이 있다고 생각한다. 이 사상은 현대판 메시아 사상이다. 현대판 메시아란 갑자기 어디선가 나타나 마술을 행하는 마법사 같은 존재가 아니라 인간 스스로 협력하고 도우며 미완성 상태인 세상을 개선해서 이상 세계로 만드는 집단 메시아가 되어야 한다는 사상이다.

앞서 살펴봤던 마크 주커버그는 정보의 완전한 공개와 공유로 모든 인간이 연결되어 정보에서 소외되는 사람이 없도록 하는 것이 그의 꿈이었다. 그 연결을 통해 인간은 좀 더 자유롭고 인간답게 살 수 있을 것이라는 생각에서다. 그래서 주커버그는 접속이 안 되는 오지까지 인터넷 망으로 연결될 수 있도록 인공위성과 드론을 이용해 모든 세상을 연결하려 노력하고 있다.

구글의 창업자 래리 페이지도 실시간 정보 검색과 공유를 위해 모든 사람의 주머니 속에 인터넷 접속이 가능한 컴퓨터를 갖고 다니게 하는 것이 꿈이었다. 그 꿈을 실현시키기 위해 만든 것이 안드로이드 기반 스마트폰이고 다양한 정보에 연결될 수 있도록 하기 위해 인공지능을 연구한 것이다. 그들의 꿈은 티쿤 올람 사상을 실현시킨 좋은 예라고 할 수 있다.

한국의 티쿤 올람 사상, 홍익인간

우리에게도 유대인의 티쿤 올람 사상과 같은 사상이 있다. 바로 단군왕검이 고조선 건국이념으로 세운 홍익인간(弘益人間) 사상이다. 우리 민족 고유의 정서에도 티쿤 올람과 같이 널리 인간을 이롭게 하려는 위대한 사상이 있는 것이다. 널리 인간을 이롭게 하는 방법론으로는 재세이화(在世理化)를 들 수 있다. 재세이화란 '세상에 있으면서 다스려 교화시킨다'는 뜻이다. 티쿤 올람 사상의 현대판 메시아와 같은 의미로 현재 인간 세상에서 어떻게 세상을 이롭게 하고 도리를 실천할 것인가 하는 의미인 것이다. 그들과 다른 점은 우리는 그렇게 귀한 사상을 잊어버렸다는 점이다.

세상을 살기 좋은 곳으로 개선시키겠다는 조금 더 넓은 생각으로 우리 아이들이 꿈을 꾸게 하는 건 어떨까?

하브루타 토론 예시

엄마 놀라움의 연속인 이야기 중에 노벨상 수상자 중에서도 유대인이 30% 정도를 차지한다는 이야기를 해야 할 것 같네.

영지 아, 나도 선생님한테 들었어 엄마. 인구도 많지 않은데 유대인이 노벨상을 휩쓸고 있다고 하셨어.

엄마 그래, 맞아. 그런데 유대인들은 노벨상을 타기 위해 노력을 하는 게 아니란다.

영지 그럼 어떻게 노벨상을 그렇게 많이 탈 수가 있어?

엄마 유대인에게는 티쿤 올람 사상이라는 것이 있어. 히브리어로 '세상을 개선시켜 완성해야 한다'는 뜻이지.

영지 완벽한 유일신인 하나님이 창조하신 세상을 개선시켜 완성한다고?

엄마 와~ 우리 영지, 교회에서 목사님이 하시는 말씀 같은 이야기를 하는구나? 정말 좋은 질문이야. 유대인은 하나님이 세상을 미완성 상태로 창조하셨다고 믿고 인간을 만드신 이유가 하나님의 파트너로 창조 행위를 돕는 일을 맡기셨다고 생각하지. 그래서 세상을 끊임없이 개선시켜나가는 것이 인간의 도리이기 때문에 세상을 개선시키기 위해 노력하는 것 뿐이라고 한단다.

영지 어떻게 유대인들은 그렇게 철저히 하나님 말씀을 따를 수가 있지?

엄마 사실 하나님을 믿는 사람이라면 마땅히 하나님이 주신 말씀대로 살아야 하지 않을까? 그것도 계명, 율법이라고 하면서 주셨는데?

영지 믿는 사람이라면 그래야 하지만 사실 그대로 사는 사람이 많지는 안잖아. 그래서 예수님을 보내셔서 다른 사람들의 죄를 대신 받게 하셨고.

엄마 우와~ 영지가 많이 알고 있구나. 맞는 말이야. 그런데 유대인은 예수님의 존재를 부정한단다. 유대교는 우리가 알고 있는 성경책 대신 토라라는 율법 책을 갖고 있는데, 토라는 모세가 시나이 산에서 받은 5경만 담고 있단다. 즉, 창세기, 출애굽기, 레위기, 민수기, 신명기를 모세 5경이라고 해서 토라의 내용으로 삼고 있지.

영지 그럼 예수님이 대신하여 죄를 받지 않은 민족이 되는 건가?

엄마 정말 훌륭한 질문이네. 그래서 유대인은 자신들을 하나님이 선택한 민족으로 믿고 세상을 개선시켜 나가기 위해 필요한 하나님의 파트너라고 생각하면서 그 책임을 다하기 위해 노력하는 거지. 또한 하나님의 뜻을 이해하기 위해 끊임없이 질문하며 이해하려 노력하고 하나님 말씀을 배우려 노력하는 배움의 종교가 된 거란다.

영지 정말 대단한 믿음이네. 오로지 그런 믿음으로 지금의 유대인이 된 것 같아. 하나님 말씀대로 살면 자연스럽게 하나님이 주시는 모든 복을 받게 될 것 같아.

엄마 ㅎㅎ 세상에서 성공하는 게 하나님이 주신 복은 아니겠지? 하나님의 명령을 이행해서 하나님의 파트너로 세상을 이롭게 하고 있는 것 그 자체가 복이 아닐까?

영지 보통은 세상에서 성공하고 잘 먹고 잘 사는 게 복이라고 생각할 텐데 유대인들은 생각도 다르네?

엄마 그런데 유대인의 티쿤 올람 사상처럼 세상을 널리 이롭게 하려는 사상이 우리에게도 있는데 혹시 뭔지 아니?

영지 우리에게도 티쿤 올람 사상이 있다고?

엄마 홍익인간 사상이라고 들어봤어?

영지 그럼~ 단군 왕검의 고조선 건국이념이잖아~

엄마 오~ 우리 영지 잘 알고 있네? 언니는 예전에 '얼굴 빨갛게 익은 인간'이라고 해서 한바탕 웃었는데~

영지 언니가 장난친 거겠지~ 그러고 보니 홍익인간이 '널리 인간을 이롭게 하라'는 뜻이구나~ 정말 티쿤 올람과 비슷한 걸? 그런데 우리는 그걸 잊고 사는 건 아닐까? 널리 인간을 이롭게 하기보다 나만 이롭게 하고 남은 몰라라 하고….

엄마 그래, 그런 부분이 없지 않은 것 같아. 우리도 유대인처럼 이런 우수한 사상을 후손들에게 유산으로 물려줘야 할 텐데 말이야.

영지 우리도 홍익인간 사상이 뿌리내리면 세상을 이롭게 하기 위해 엄청난 일들을 할 수 있을 것 같아.

엄마 그래, 엄마도 정말 바라는 바야~

07 | 유대인 자녀교육의 비결 7 |

자선이 아니라 당연한 의무, 쩨다카

'쩨다카(Tzedakah)'란 '자선'과 비슷한 의미로써 가난한 사람을 돕거나 가치 있는 일에 돈을 기부하는 것을 뜻한다. 사실 히브리어에는 자선이라는 단어가 없다고 한다. '쩨다카'라는 말이 자선과 가장 가까운 말인데, '당연히 해야 할 행위, 정의, 올바름, 공정함' 등으로 번역될 수 있다. 여기서 말하는 정의는 유대 공동체 안에서 약자를 보살피는 것을 뜻하는데, 유대 율법 정신 자체가 정의와 평등을 중요시하기 때문에 자선 자체가 신이 부여한 의무가 된다는 것이다.

신은 부자를 통해 빈자를 돕는다

유대인들은 신이 부자를 통해 가난한 사람을 도움으로써 '긍휼(신의 핵심 성품)'을 보여준다고 믿는다. 즉, 부자는 신을 대신해 가난한 사람을 돕는 사명을 가진 사람들이다. 따라서 부자의 탐욕은 공동체의 재앙이라고 할 수 있다. 유대인들은 부나 재산에 대해 인생에서 잠깐 동안 소유권을 갖는 것이라고 생각한다. 그리고 신이 인간을 부자로 만들거나 빈자로 만들 수 있다고 믿는다. 부자는 신의 경제적 파트너이자 대리인이기 때문에 반드시 자선을 해야 하며, 자선이 곧 부로 이어지는 조건이 되는 것이다. 심장에서 흘러나간 피가 다시 심장으로 돌아오듯이 부자의 손에서 나온 돈이 다시 부자의 손으로 들어가 부가 유지되는 것이다.

쩨다카의 실천 방법

랍비 아시는 쩨다카 계명이 다른 모든 계명들을 합친 것만큼 중요하다고 말한다. 유대인들은 계명을 준수하기 위해, 자녀들의 인성교육을 위해, 공동체 복지 증진을 위해, 장기 투자를 위해, 반유대주의 불식을 위해 쩨다카를 실천한다. 유대인들은 어릴 때부터 자선을 가르치기 위해 돈을 따로 모으도록 교육하며, 자선을 행하는 것은 정의를 실현하는 일이기 때문에 가난한 사람이나 사회적 약자여도 예외가 없다. 자선을 베푸는 것 역시 앞서 설명한 티쿤 올람 사상을 실천하는 일이다.

'케세드(chesed)'라는 말도 자선을 뜻하는데 이것은 쩨다카를 넘어서 상대에게 동정이나 연민을 느끼는 깊은 공감력, 즉 긍휼감으로 표현할 수 있다. 타인의 아픔을 나의 아픔으로 여기는 것으로 불교의 자비심과 같은 의미다.

유대인의 자선 행위는 신전에 감사의 의미로 바치던 희생물을 대신하기도 한다. 유대인은 돈의 노예가 되지 않고 경건하게 살려 노력한다. 그들은 돈을 모아 어려운 사람을 돕는 자선뿐만 아니라 자신이 할 수 있는 모든 방법으로 일상에서 자선을 행사한다. 곡식을 추수하는 사람은 어려운 사람이 가져갈 수 있도록 밭 한 귀퉁이에 일정량의 수확물을 남겨 둔다. 땅에 떨어진 과일도 누구나 주워 갈 수 있도록 놓아둔다. 식당을 하는 사람은 일정량의 음식을 가게 문을 닫을 때 봉지에 싸서 놓아둔다. 가난한 사람들은 당당하게 가져갈 권리를 갖는다.

쩨다카에도 우선 순위가 있다

놀라운 것은 쩨다카에도 우선 순위가 있다는 것이다. 1순위는 아내이다. 그들은 남을 돕기 전에 내 사람에게 먼저 박탈된 기회가 없는지, 누리지 못하는 권리가 없는지 살핀다. 2순위는 13세 성년식을 치르기 전의 어린 자녀다. 자녀는 교육받을 권리가 있으며 보살핌을 받을 권리가 있는 것이다. 3순위는 부모님, 4순위는 13세 이상의 성인식을 치른 자녀, 5순위는 2촌 형제자매이고, 그 다음 가까운 친척들로 범위를 넓혀 나간다.

유대인은 유난히 친족경영이 발달했는데 바로 이런 문화 때문에 친척이 잘되기를 바라며 서로 돕고 이끌어 준다고 한다. 우리나라 사람들은 사촌이 땅을 사면 배가 아프지만 유대인들은 오히려 기뻐한다. 왜냐하면 그

사촌이 자신에게 베풀 거라 기대하기 때문이다. 친척을 다 돌아보고 나면 이웃사촌(지역 공동체)이 다음 대상이 된다. 그 다음 조국 이스라엘, 이스라엘 이외의 나라에 사는 유대인의 순서이다.

단, 생명이 위급한 응급상황인 경우는 예외로 인정해 우선 순위에 상관 없이 도와준다. 거리에서 걸인을 만났을 때는 어떻게 해야 할까? 유대인들은 탈무드의 가르침에 따라 자선한 돈의 상당 부분이 다른 곳으로 흘러가더라도 그 사람에게 조금이라도 도움이 된다면 자선을 한다.

하브루타와 쩨다카, 모두 돕는 것이다

한편 하브루타와 쩨다카는 어떤 관계가 있을까? 하브루타는 무지한 자를 지적으로 돕는 것이며, 쩨다카는 가난한 자를 경제적으로 돕는 것이다. 하브루타와 쩨다카 모두 성경의 '흩어 나누어도 계속 더해지는 사람이 있는 반면 바른 일에 아끼는 데도 정말 부족한 사람이 있다. 복 있는 사람은 풍족해지며 남을 흡족하게 하는 사람은 자신도 만족하게 된다.'는 잠언 11:24-25절 말씀을 바탕으로 한다. 그리고 나눌수록 풍성해지고, 죽은 자를 살리는 행위라는 공통점이 있다. 하브루타와 쩨다카를 통해 지혜롭고 부유한 유대인 인재가 많이 양성됨으로써 공동체 복지가 향상되고 구성원들 간의 신뢰가 깊어진다.

쩨다카 실천의 품격 8단계

유대인은 쩨다카를 실천하는 데도 품격을 지켜야 한다고 생각한다. 즉, 자선의 품격 8단계라는 것이 있다.

첫째, 아깝지만 마지못해 도와주는 것
둘째, 줘야 하는 것보다 적게 주지만 기쁘게 도와주는 것
셋째, 요청을 받은 다음 도와주는 것
넷째, 요청 받기 전에 먼저 돕는 것
다섯째, 수혜자는 나를 알지만 나는 수혜자의 정체를 모르고 도와주는 것
여섯째, 나는 수혜자를 알지만 수혜자는 나를 모르는 것
일곱째, 나와 상대가 서로 모르고 돕는 것
여덟 번째, 상대가 스스로 자립할 수 있도록 돕는 것 등이다.

반유대주의가 성행하던 시절, 전 세계로 흩어진 유대인들에게 쩨다카는 자립을 위해 큰 힘이 되어 주었다. 많은 유대인들이 물질은 물론, 인맥과 정보 지원 등 스스로 자립하도록 최선을 다해 돕는 쩨다카를 실천하고 있다고 하니 참으로 놀라운 일이 아닐 수 없다.

어려서부터 자선을 의무적으로 배워 습관이 된 유대인인 자녀들이 어른으로 성장해서는 어떨까?

하브루타 토론 예시

엄마 영지 말대로 유대인들은 하나님의 명령이기 때문에 그것을 그대로 지키면서 놀라운 성과를 보이고 있어. 아까 말 한대로 티쿤 올람 사상을 실천하는 방법 중에 중요한 것으로 자선을 의미하는 '쩨다카'를 들 수 있단다.

영지 응. 아까 엄마가 어떤 사람이 많은 걸 소유하고 있으면 그것도 하나님이 보시기에 잘못된 질서라서 자선을 통해 원래의 소유자에게 돌려줘야 한다고 했지.

엄마 잘 기억하고 있구나~ 맞아. 그렇기 때문에 가난한 사람들도 도움을 받을 때 당당하게 가져갈 수 있는 거지. 그런데 유대인의 탈무드에는 '가난은 게으른 것이기 때문에 자랑할 것이 못 된다'는 격언도 있어.

영지 남을 돕는 걸 싫어하는 사람도 있지 않나?

엄마 유대인들은 남을 돕는 것도 하나님의 명령 중의 하나로 여겨서 쩨다카가 의무이자 하나님께 축복받는 비결이라고 여긴다고 하는데, 만약 돈을 많이 벌면서도 자선을 제대로 하지 않는 사람이 있으면 강제로 징수하기도 한단다.

영지 그래서 마크 주커버그 같은 사람이 그렇게 기부를 많이 하는 건가?

엄마 그래, 맞아. 어릴 때부터 쩨다카를 당연히 실천해오고 있는 유대인들에게는 특별한 일도 아닌 거지. '쩨다카'는 기부라는 뜻보다 오히려 '정의'라는 뜻에 더 가깝지.

영지 그럼 부모님이 쩨다카 할 수 있게 돈을 따로 주시는 건가?

엄마 오~ 또 좋은 질문을 해주셨는걸요?

영지 에이~ 놀리지 말고~~~

엄마 유대인 부모는 어릴 때부터 쩨다카의 제대로 된 정신을 알려 주기 위해 아이 스스로 돈을 벌도록 하고 번 돈에서 일정 금액을 떼서 기부하도록 한단다.

영지 헉~! 어린 아이가 어떻게 돈을 벌어?

엄마 집에서 할 수 있는 작은 일을 하도록 하고 돈을 버는 거지. 예를 들면 강아지 돌보기, 설거지하기 같은 것. 유대인은 어릴 때부터 그렇게 해서 경제교육을 시작한다고 해. 그리고 더 중요한 건 스스로 번 돈에서 반드시 기부를 하도록 하는 거지.

영지 아~ 나도 어릴 때 해봤는데. 신발장 정리, 아빠 어깨 주물러 드리기 같은 거.

엄마 그렇지...... 유니세프 통해서 매월 기부도 하고 있고.

영지 하하하. 부끄러워지는데? 그건 아빠가 우리 이름으로 한꺼번에 만들어주신 거라서.

엄마 그래? 부끄럽다고 하는 걸 보니 이제 스스로 기부도 할 수 있을 것 같은데? 이번 달부터 용돈에서 기부한 돈을 공제해야겠는 걸?

영지 반칙이야 엄마. 유대인들의 쩨다카 문화에 대해 이야기하다가 왜 내 용돈을 가지고 그래. 기부하는 건 나도 중요하다고 생각하니까 내가 알아서 할 거야.

엄마 우와~ 유대인에 대해 하브루타를 하다 보니 좋은 점이 너무 많은 걸? 유대인들은 쩨다카를 할 때도 품격을 지키려고 노력한대. '자선의 품격 8단계'가 있어서 제일 아랫 단계로 아깝지만 마지못해 도와주는 것부터 맨 위 8번째 단계로 상대가 스스로 자립할 수 있도록 최선을 다해 돕는 것까지 있다는 구나. 유대인들은 공동체를 통해 같은 유대인들에게 물질은 물론, 인맥을 동원하거나 정보를 지원해주는 등 완벽하게 자립하도록 최선을 다해 돕는 일이 일반적이라고 하니 유대인 전체가 잘 살 수밖에 없는 거지.

영지 유대인에게 배울 점이 한 두 가지가 아니네.

엄마 그래, 그래서 엄마도 유대인에 대해 계속 공부하는 거란다.

| 유대인 자녀교육의 비결 8 |

08 유대인의 4차원 공부 방법

유대인들은 토라를 제대로 공부하고 해석의 오류를 방지하기 위해 4단계에 걸쳐 배운다. 유대인이 4단계에 걸쳐 공부하는 것을 '4차원 공부'라고 한다.

첫 번째, 페샤트 : 눈에 보이는 그대로 공부

첫 번째 단계는 페샤트(Peshat : 관찰)라고 하며 눈에 보이는 그대로의 현상을 공부한다. 페샤트는 '단순한', '평이한' 등의 의미를 갖고 있다. 물질세계를 있는 그대로 이해하는 단계인데 이 단계에서도 작은 것을 놓치지 않기 위해 세밀한 관찰력을 갖도록 한다. 이 단계의 공부는 책이나 인터넷 등을 검색해서 정보를 찾아내고 문제를 해결하는 것이다.

두 번째, 레메즈 : 보이지 않는 이면에 있는 의미 파악

두 번째 단계는 레메즈(Remez : 보이지 않는 영역)라고 하는데, 보이는 세계 이면에 있는 단서를 찾고 심층적인 의미를 파악하려 노력하는 단계이다. 레메즈는 '힌트', '단서', '암시' 등을 뜻하는데 현상 속에 담긴 교훈과 암시를 찾아내는 심도 있는 공부 방법을 뜻한다. 이 단계가 되어야 지식이 객관적인 지식에서 주관적인 나의 지식이 된다. 문제의 본질을 찾아서 정보들간의 내용을 연관짓고 체계화시키는 단계의 공부를 뜻한다. 안타깝게도 우리의 공부는 이 단계에서 끝난다.

세 번째, 데라쉬 : 질문과 토론을 통해 의미 확장

세 번째 단계는 데라쉬(Derash : 의미를 확장)로 질문과 토론을 통해 의미를 넓혀나가는 공부를 하는 단계이다. 데라쉬는 '연구하다', '공부하다'라는 의미를 갖고 있는데 본문에 등장하는 사건과 사건에 결부된 인물, 그리고 넓게 의미를 확장하여 추적하고 깊이 연구하며 자세하고 넓게 의미를 확장해 나간다. 유대인들이 토라와 탈무드를 공부할 때 많은 시간을 할애하면서 하브루타(질문과 토론)를 통해 다양한 관점을 통합하고 지혜를 찾아내는 과정이다.

이 단계에 이르면 시야가 크게 확장된다고 한다. 정보를 획득하고 지식을 체득하고 난 다음 어떻게 사용할지를 분별하는 단계이다. 보이는 지식과 보이지 않는 영역을 연관지어 지식을 확장하고 융합하는 과정이다. 이 단계의 공부는 심층적인 조사와 깊이 있는 연구가 필요하며 함께 모여 질문하고 토론하는 것이 필수적으로 요구된다. 이런 과정을 거치면서 문제 해결력이 생긴다.

네 번째, 소드 : 인간 내면과 영혼에 있는 통찰 얻기

네 번째 단계는 소드(Sod : 신비)라고 하는데 소드는 '비밀'을 뜻한다. 본문에는 겉으로 드러난 뜻 말고 비밀이 숨겨져 있다고 보고 그 비밀을 풀어나가는 공부를 하는 것이다. 이 부분은 영성을 드러내는 단계이며 종교적인 내용이 주를 이룬다. 1~3차원의 초점이 책이나 객관적인 사실에 있다면 4차원의 초점은 인간 내면과 영혼에 있다. 이 단계에서는 더 많은 것을 배우는 것이 아니라 지금까지 배운 것을 내려놓고 무의 상태로 들어가는 것이다. 이 단계는 영성 단계로 '공부는 왜 해야 하나', '인간은 왜 살아야 하나', '어떻게 사는 것이 옳은가' 등의 물음을 붙들고 그동안 경험하고 행동하며 오류를 일으켰던 과정들을 통해 자신의 인생 목적과 방향을 설정하며 통찰을 얻게 된다. 유대인들은 일 년 중에 일주일 정도를 정기적으로 소드 단계를 갖도록 노력하는데, 이 단계를 위해 일주일 동안 하던 일을 모두 내려놓고 '생각 주간'을 갖기도 한다.

유대인들은 4차원 공부로 고차원적인 공부를 하기 때문에 각론으로 들어가 학과 공부를 하는 것은 저차원의 공부라고 여긴다. 고차원적인 공부를 하고 나면 저차원의 학과 공부는 쉽게 할 수 있기 때문에 4차원 공부를 더 중요한 공부로 본다.

유대인의 4차원 공부법을 살펴보며 학과 공부에 머무는 우리의 공부에 적용할 점은 무엇일까?

하브루타 토론 예시

엄마 유대인들은 토라와 탈무드를 4차원 방식으로 공부한단다.

영지 그럼 한번만 보는 게 아니라 여러 번 보는 거겠네?

엄마 그럼~~ 당연하지. 탈무드의 경우 매일 주어진 구절을 읽으면서 전체를 다 읽으려면 7년이 걸린다고 하는데 7년에 한차례씩 읽으며 죽을 때까지 공부를 계속한다고 해.

영지 우와~ 정말 대단하다. 한번 보기도 힘든 책을 평생 공부하다니…. 유대인들은 원래 공부하는 걸 좋아하나봐.

엄마 유대인에게 배움은 하나님의 명령이기도 하단다. 그런데 배움이라는 것이 하나를 알면 파생되면서 또 하나를 알게 되고 또 궁금증이 생기고 그런 특성이 있지. 그래서 그걸 계속 탐구해 나가다 보면 깊이 있는 배움에 이르게 되는 거고. 배움 자체가 즐거움이 되기도 하는 거지. 운동경기와 마찬가지로 룰을 잘 모르면 재미가 없는데 룰을 알고 나면 재미있어지듯이 말이야.

영지 그러고 보니 운동경기랑 공부도 비슷하네?

엄마 그렇지. 몸에 체화되고 나면 운동경기처럼 점점 잘하게 되지 않겠니?

영지 그럴 것 같아. 그런데 4차원 공부라는 건 뭐야?

엄마 잊지 않고 좋은 질문 해줘서 고마워. 유대인들은 토라나 탈무드를 평생 공부하면서 삶에 적용하는데 만약 혼자 대충 한번 읽고 뜻을 파악한다면 오류가 있을 수 있겠지?

영지 그럴 수 있지.

엄마 그래서 네 단계로 점점 깊이와 넓이를 확장시켜 나가는 공부를 한다는 거야. 첫 번째 단계의 공부는 관찰을 통해 눈으로 볼 수 있는 현상을 공부하는 거야. 두 번째 단계의 공부는 단어 안에 깊은 뜻이 있다고 생각하며 교훈과 암시를 알아내려고 공부하는 단계야. 세 번째 단계는 질문과 토론, 직관 등을 통해 서로 연관된 내용을 비교하고 깊이 연구하면서 의미를 확장시켜 나가는 공부를 하는 거야. 네 번째 단계에서는 지금까지 배운 것을 내려놓고 그 동안 경험하고 행동하면서 오류를 일으켰던 것들을 돌아보면서 다시 백지 상태로 돌아가 공부의 목적과 인생의 목적, 삶의 본질 등을 스스로 돌아보며 통찰을 얻으려 노력한단다.

영지 우와~ 너무 어렵다. 그냥 한번 하는 공부도 어려운데 그 단계까지 공부하는 사람이 많아?

엄마 얼마나 많은 유대인들이 4차원까지 공부를 하는지 정확히 알 수는 없지만 탈무드를 공부하는 많은 유대인들은 4차원 공부를 통해 삶의 목적을 깨달아 가는 일을 하겠지?

영지 우리는 시간 나면 놀기 바쁜데 유대인들은 쉬는 동안에도 생각을 많이 하네?

엄마 ㅎㅎㅎㅎ 그런가?

09 | 유대인 자녀교육의 비결9 |
이스라엘 최정예 부대, 탈피오트

1973년 이집트와 시리아 연합군의 기습 공격으로 시작된 욤 키푸르(Yom kippur) 전쟁은 이스라엘에 막대한 손실을 안겨줬다. 그러나 실패를 통해 배우는 이스라엘은 좌절하지 않고 실패를 동력삼아 또 다시 혁신을 끌어냈다. 바로 이스라엘 최정예 부대 탈피오트(Talpiot)의 탄생이다. 히브리대학 샤울 야치프 교수와 펠릭스 도싼 교수는 이스라엘의 생존을 위한 아이디어를 실현시켰는데, 더욱 뛰어난 무기를 만들어 내는 대신 젊은이들의 창의력으로 이스라엘을 구한다는 발상이었다. 1979년 시작된 탈피오트 프로그램(최고중의 최고, 이스라엘 과학기술 전문장교)은 우수한 인재를 선발해 군 복무 기간 중 다양한 기술 분야를 연구하도록 지원하여 이스라엘 소프트 파워 신장에 주력하고 있다.

엄격한 선발 과정을 거친 탈피오트의 성과

탈피오트 선발 과정은 엄격하다. 우선 고등학교 졸업생 중 1차 시험을 거쳐 1만 명을 선발하고, 그 중 2차 시험을 통해 합격자 150명~200명을 선발한다. 2차 시험 합격자들은 다시 2일 동안의 집중 시험을 거쳐 최종 50명만 남게 된다.

최종 선발된 50명의 후보들은 3년 동안 군사 훈련과 함께 히브리대학 물리학과, 수학과, 컴퓨터공학과 학사 학위를 취득하고 졸업 후 장교로 임관된다. 정부는 이렇게 양성된 탈피온(Talpion)들이 제대 이후 창업을 할 경우 창업자금까지 지원한다. 임관된 인재들은 6년 동안 의무 복무를 하면서 국방관련 연구 개발 업무를 수행한다.

이들의 연구 성과는 가히 놀랄 만하다. 탈피오트 2기 졸업생인 마리우스 나흐트는 길 슈웨드와 함께 인터넷보안기업 체크포인트를 설립하여 인터넷 방화벽을 만들었고, 자율주행 드론, 원자력 안전 특허 등 국방 기술의 비약적 발전을 거두었다.

생명과학, 보건복지 분야에서도 탈피오트 출신들은 두각을 나타낸다. 세계 8조 달러 시장의 의료보건산업 분야에서 특허를 가장 많이 보유한 대학이 미국 유수의 대학이 아니라 놀랍게도 이스라엘 테크니온 공대이다.

또한 1990년대 탈피오트 2년차 생도들이 주변국의 공격으로부터 이스라엘을 안전하게 지키기 위해 분임조 과제로 초기 콘셉트를 제안한 '아이언돔(철갑지붕)'은 주변국에서 발사하는 미사일을 수 초안에 정확히 요격하며 거대한 가상 안전공간을 만들어 냈다.

마음껏 상상하며 도전하고 실패하며 혁신하도록 지원하는 이스라엘 소프트 파워가 위력을 발휘한 것이다. 아이언돔은 수출을 통해 막대한 수입을 창출할 것으로 보인다.

티쿤 올람 사상을 기반으로 전 세계에 영향 미쳐

처음에는 군대로 출발했던 탈피오트는 경제, 사회, 문화, 교육 등 전 영역으로 퍼져 나가며 혁신의 아이콘이 되고 있다. 더욱 중요한 것은 탈피오트 출신들은 티쿤 올람 정신으로 무장되어 있다는 것이다. 그들은 누구도 자신의 업적을 자랑하지 않고 오직 세상을 더 좋은 곳으로 만드는 티쿤 올람에 매진한다.

유대인에게서 적극적으로 지혜를 배우려 노력하고 있는 우리나라도 탈피오트를 벤치 마킹해 2014년 과학기술전문사관 제도를 도입하여 한국과학기술원, 포항공대, 광주과학기술원, 울산과학기술대 등에서 과학기술을 연구한 인재들을 뽑아 2017년 5월 1기 후보생 18명이 임관했다.

외부의 적으로부터 자국을 보호하기 위한 최선의 방법은 무엇일까?

하브루타 토론 예시

엄마 엄마가 최근에 이스라엘 교육에 대해 새롭게 알게 된 것이 있는데 들어볼래?

영지 그게 뭔데?

엄마 군대가 최첨단 교육 기관이라는 거야.

영지 군대는 나라를 지키는 곳 아니야?

엄마 원래 목적이 나라를 지키는 곳이 맞지.

영지 그런데 무슨 교육을 한다는 거야?

엄마 최정예 부대 '탈피오트'라는 곳이 있어. 히브리어로 최고중의 최고라고 번역할 수 있지.

영지 오~ 엘리트 부대인가보네?

엄마 응 맞아. 1967년 3차 중동전쟁(6일전쟁)에서 대승을 거둔 이스라엘은 방심을 하고 있다가 6년만인 1973년 이스라엘의 가장 성스러운 날인 대속죄일에 이집트와 시리아 연합군의 공격을 받게 되었대. 바로 욤 키푸르 전쟁이라고 하지.

영지 그런데?

엄마 엄청난 패배를 입고 자존심도 무너진 이스라엘은 특유의 처절함을 딛고 다시 일어서게 된 거야. 그런데 그 방법으로 더욱 뛰어난 무기를 만들어 내는 대신 젊은이들의 생각을 훈련시키는 방법을 채택한 거야.

영지 아~ 그럼 무기 만드는 방법을 가르쳐서 신무기를 개발한 건가?

엄마 그런 미봉책을 쓴 게 아니라 탈피오트 프로그램이라는 것을 시작했는데 탈피오트는 최고중의 최고라는 뜻으로 이스라엘 과학기술 전문장교 육성 교육이었어. 우수한 인재를 선발해서 군복무 기간 중에 다양한 기술 분야를 연구하고 국가에 이바지 하도록 하는 거지.

영지 위험할 텐데 뛰어난 인재들이 지원했을까?

엄마 그럼! 이스라엘 군인은 전쟁이 나면 외국으로 나가는 게 아니라 목숨 걸고 싸우러 고국으로 돌아오는 것으로 유명하지. 탈피오트는 그 중에서도 애국심으로 똘똘 뭉친 최고의 엘리트 그룹이야. 탈피오트에서는 무엇이든 상상하는 것은 다 이루어 볼 수 있도록 하고 과감히 실패해 보도록 했는데 그 결과 지금 전 세계를 주도하는 이스라엘의 소프트 파워를 이끄는 원동력이 되었단다.

영지 소프트 파워?

엄마 지금은 4차 산업혁명 시대잖아. 눈에 보이는 물리적인 생산물이 아니라 눈에 보이지 않는 소프트웨어를 통한 혁신을 이룬 거지.

영지 하긴 20개월 가까이 되는 군복무 기간 동안 뭔가 의미 있는 걸 배워서 나오면 참 좋을 것 같다고 생각한 적이 있어. 대부분 군인들은 그렇게 하지 못하고 잃어버린 시간으로 생각하잖아.

엄마 그런 것 같아. 이스라엘은 탈피오트 말고도 적성과 흥미에 따라 다양하게 부대 배치를 하고 군복무 기간 동안 사회에서 꼭 필요한 내용을 배워서 나온다고 하는구나.

영지 우리나라도 그렇게 하면 안 되나?

엄마 우리나라도 이스라엘의 탈피오트를 벤치마킹해서 2014년부터 과학기술전문사관 제도를 도입했다는구나.

영지 아~ 정말 잘했네. 꼭 영화의 한 장면을 보는 느낌이야. 컴퓨터로 군사작전을 하고 컴퓨터를 조작해서 미사일이 날아가고.

엄마 비슷하다고 생각하면 돼. 아이언 돔은 주변 국가에서 발사한 미사일의 95%를 요격할 정도의 정밀도를 갖고 있다니 말이야.

영지 와~ 정말 멋지다~!!!

유쌤의
정리 노트

부모수업 두 번째, 유대인의 교육에서 배우자

첫째, 삶의 목적을 발견하도록 돕는 교육을 하자

유대인들의 교육 이야기를 살펴보면서 우리에게 어떤 점을 적용할 수 있을지 생각해 보자. 유대인들의 교육열은 우리를 능가할 정도여서 생후 6개월부터 시작되는 조기교육에 각별한 노력을 기울인다. 그러나 우리와 다른 점은 학습 중심의 인지교육을 시키는 것이 아니라 생활중심, 현장중심의 사회성, 창의성, 사고력, 잠재력 등을 신장시키는 데 주안점을 둔다. 4차원 교육법에서도 살펴봤듯이 고차원 교육에서 저차원 교육으로 옮겨가는 것이다. 어릴 때 사고력, 창의력, 관계력, 잠재력 개발을 위한 교육, 유대민족의 역사와 전통 등 '고차원의 공부'를 하고 나면 과목 공부 같은 저차원 교육은 저절로 이루어진다는 것이 유대인들의 생각이다.

알파벳 공부는 초등학교 의무교육이 시작되는 여섯 살부터 서서히 시작하게 된다. 유대인 교육에서 특히 관심이 갔던 부분은 등수를 기록하는 성적표 대신 아이마다 학습 진도표가 있다는 것이다. 그리고 어릴 때부터 자신의 관심과 호기심을 발현시킬 교육을 한다는 것이다.

에디슨, 아인슈타인, 스티븐 스필버그의 공통점은 세상을 살기 좋은 곳으로 바꾼 유대인이라는 것과 어린 시절 지진아 판정을 받은 아이들이었다는 점이다. 그러나 또 다른 공통점은 자녀가 갖고 있는 독특한 달란트를 발견하고 키워 줄 수 있는 위대한 부모가 있었다는 점이다. 그런 부모가 있었기에 이들은 지진아라는 오명을 씻고 자신만의 독창성을 발휘해 인류를 위한 위대한 업적을 남길 수 있었다.

그러나 우리 교육의 현실은 어떠한가? 부모들은 아직도 내 아이 안에서 빛나고 있는 보석을 발견하기 보다 사회적인 기준과 잣대에 맞춰 어떻게 하면 사회적 성공을 거두고 남들의 인정과 부러움을 받는 아이로 만들 수 있을지 골몰한다. 내 자녀만 사회에서 인정받고 남보다 잘 살기를 바라는 이기심에서 출발하기 때문에 항상 주변에는 누르고 올라가야 할 적으로 가득하다. 또한 자녀가 세상을 위해 어떤 공헌을 할 것인지에 대해서는 생각해 본 적이 별로 없다. 유대인들에 대한 찬사를 늘어놓으려는 것이 아니다. 부끄럽지만 사실이다.

유대인들은 하나님이 만드신 세상을 하나님의 파트너인 인간이 좀 더 살기 좋게 만들어야 하는 책임을 부여 받았다고 생각한다. 바로 티쿤 올람(세상을 개선시켜 완성해야 할 대상으로 보는) 사상이다. 그들이 행하는 모든 것들은 결국 하나님의 명령을 완수하기 위한 목적에 따라 행해지는 일일 뿐이다. 그렇기 때문에 그들은 누가 잘났고 못났는지가 중요하지 않다. 자기의 업적을 자랑하지 않는다. 궁극적으로 하나님 세상의 완성을 목적으로 하기 때문에 그 안에서 자신에게 부여된 자신의 책임을 다할 뿐인 것이다.

그런 의미에서 세상은 개선시킬 것이 많은 불완전한 세상이다. 부는 편중되어 있고 인간은 질병으로 고통받고 있다. 유대인들은 현대판 집단 메시아 사상도 갖고 있어 협력하여 선(善)을 이루려 한다. 그런 노력의 결과로 전 세계에서 가장 기부를 많이 하는 민족이자 노벨상을 가장 많이 탄 민족이 되었을 뿐이다. 그들은 자선(쩨다카)도 당연히 해야 하는 올바른 행위일 뿐이기에 칭찬받을 일이 아니라 마땅히 해야 할 일일 뿐이다. 이런 사상을 갖고 있는 민족이 세상에 또 있을까? 의문이다.

우리를 돌아보자. 우리에게는 티쿤 올람 사상 못지않게 아름다운 홍익인간(弘益人間) 사상이 있었다. 요즘 젊은이들에게 물어보면 뜻조차 제대로 모르는 사람이 태반이지만 말이다. 홍익인간의 방법론도 유대인의 집단 메시아 사상과 상통하는 '재세이화(在世理化, 세상에 있으면서 다스려 교화 시킴)' 방법이니 참으로 놀라울 따름이다. 단지 차이점은 유대인은 실천을 하고 있고 우리는 기억 속에서 조차 사라져 가고 있다는 것이다.

그렇다면 간단하지 않은가? 실천의 대가인 유대인에게서 배우면 되지 않을까? 유대인들이 어릴 때부터 티쿤 올람 사상을 가르치듯이 우리도 홍익인간 사상을 귀에 못이 박히도록 알려 줘야 한다. 우리가 배우는 모든 것은 남을 누르고 나 혼자 잘 먹고 잘 살기 위한 것이 아니라 '널리 세상을 이롭게 하기 위함'이라고 말이다. 그러면서 자연스럽게 자신이 무엇을 통해 세상에 공헌을 할 수 있는지 생각할 수 있는 시간을 많이 갖도록 하자. 그리고 유대인들이 어릴 때부터 고사리 손으로 심부름이라도 해서 용돈을 벌고 그 중 일부를 쩨다카 하는 것처럼, 우리 자녀들도 어릴 때부터 작은 심부름을 하면서 경제관념도 배우도록 하고 스스로 번 돈으로 자선을 행하도록 가르치는 것이다. 물론 부모가 솔선수범 하는 것이 먼저일 것이다. 홍익인간을 실천하는 우리 한민족 중에서도 자신만의 개성을 발전시켜 세상을 살기 좋은 곳으로 변화시키는 인물들이 많이 나오게 되길 바란다.

둘째, 사랑하기와 가르치기의 균형을 이루자

유대인의 교육 이야기를 집필하면서 참으로 놀라운 부분이 있었다. 유대인들은 평균 6~10명의 자녀를 키우면서 체벌은 물론 되도록 야단을 치지도 않는다는 것이다. 어린 시절 사랑을 듬뿍 받으며 인정과 칭찬 속에 자란 아이들은 자존감 높고 다른 사람을 인정할 줄 아는 성품 좋은 아이로 성장한다.

유대인들은 가정교육을 중시해서 대부분의 교육이 가정을 중심으로 이루어진다. 특히 그들의 베갯머리 교육은 그들을 풍부한 어휘력과 추상적인 개념, 상상력과 창의력을 자연스럽게 키워 노벨 문학상 수상자를 비롯해 영화산업을 주도하게 된 배경이 되었다. 또한 밥상머리 교육은 율법 중심의 그들의 문화를 자연스럽게 전승하는 자리이자 자연스럽게 인성교육이 이루어지는 장이었다. 그들은 밥상머리에서 하나님의 사랑을 배우고 아버지, 어머니에 대한 공경심과 형제간의 우애는 물론, 배려와 예의, 공손, 예절, 존경, 절제, 인내 등을 배운다. 우리에게도 대가족 제도 하에서 배려와 예의, 절제와 존경 등을 배우던 밥상머리 교육이 있었지만 핵가족화에 밀려 이제는 흔적도 없이 사라져 가고 있고 유래도 알 수 없는 혼밥 문화가 성행하고 있어 안타깝다.

모두 '바쁘다'를 외치며 사는 시대이지만 밥상머리가 살아나야 한다. 가족 식탁이 살아나야 한다. 유대인들이 놀라운 점은 음식정결법(코셔음식)을 통해 이방인, 즉 아무하고나 밥을 먹을 수 없도록 했다는 점이다. 그들은 아무리 바쁘더라도 가족 저녁 식탁을 지켜 왔고 그 결과 유대민족의 정통성을 지켜왔다. 무엇보다 음식정결법과 안식일을 통해 늘 가족이 하나로 뭉쳐 함께 먹고 마시고 함께 공부하며 탄탄한 유대 공동체를 만들어 왔다는 점이다. 우리와 문화는 다르더라도 가족끼리 합의를 통해 함께 식사하는 시간을 늘려나가야 한다. 거래처 고객과 약속을 하듯이. 아니 더 중요한 약속으로 생각해야 한다.

(사)미래준비 안남섭 이사장은 몇 년 전부터 '권력은 부엌에서 나온다.'는 슬로건을 내걸고 '집 밥 운동'을 펼치고 있다. 아울러 지덕체(智德體)의 시대는 가고 식체덕지(食體德智)의 시대라고 강조한다. 이제 웬만한 지식은 인터넷 속에 모두 들어있고 150세 시대에 가장 중요한 것은 좋은 먹거리를 먹고 건강한 신체를 유지하며 지혜와 덕을 쌓아야 한다는 것이다.

유대인의 교육을 한 마디로 정의한다면 '사랑하기와 가르치기의 균형'

이라고 말하고 싶다. 그들은 베갯머리 교육과 밥상머리 교육을 통해 사랑을 듬뿍 주며 되도록 체벌도 하지 않고 자녀를 키우지만 사랑의 절반을 감추고 산다고 표현한다.

무슨 뜻인가 하면 자녀가 귀할수록 어릴 때부터 자립심을 키워 준다는 것이다. 만 세살 정도가 되면 아침 기도 드릴 때 손 씻을 물을 자기 스스로 떠다 놓는다. 고사리 손이지만 아이가 할 수 있는 범위 내에서 집안일도 거들도록 가르친다. 그리고 모든 수고에는 금전적 보상이 따른다는 것도 가르쳐 자연스럽게 경제관념을 배우게 한다. 또한 주말 회당(시나고그)에 나갈 때는 각자 팔 수 있는 물건을 준비해 팔기도 한다. 그렇게 귀하게 번 돈 중 일부는 당연히 시나고그에 설치되어 있는 '쿠파'라는 모금함에 넣고 때로는 긴급 구호자금 성격의 탐후이(쟁반기금)에 기부하기도 한다.

뿐만 아니라 유대인은 만 13세(여자는 12세)에 성인식(바르미쯔바)을 치르는 것으로 유명하다. 어떻게 만 13세에 성인이 될 수 있느냐고 반문할 수도 있겠지만 유대인은 13세 성인식을 치르고 나면 성인으로 인정해 일체 간섭을 하지 않고 성인이 된 자녀가 자신의 인생을 개척해 갈 수 있도록 한다. 성인식을 치른 자녀는 결혼을 할 수도 있고 직장을 가질 수도 있다. 유대인의 독특한 종교와 생활, 문화에서 파생된 교육 방법들은 유대인을 주도적인 세계 시민으로 우뚝 서게 만들었고, 세계 최고의 지적, 정치적, 경제적 성취를 거두며 하나님의 세계를 리드해가는 최고의 지도자들로 만들고 있다.

우리의 모습을 다시 돌아보자. 자녀교육에 극성스러운 대한민국 부모들을 신조어로 '헬리콥터 맘'이라 일컫는다. 헬리콥터 맘들은 오직 자녀가 사회적인 성공을 거두기를 바라며 00대학에 들어간 아들, 00기업에 취직한 딸, 00가문과 결혼한 자녀가 되어 부모의 자랑거리가 되어주기를 바란다.

헬리콥터 맘들의 하루 일과는 눈을 뜨자마자 자녀의 뒷바라지로부터 시작된다. 아이들은 이미 어릴 때부터 오직 성적 만들기에 길들여져 있다. 좋아하는 게 뭔지, 잘하는 게 뭔지, 자기가 하고 싶은 것이 무엇인지…. 그런 건 달나라 이야기다. 여가활동이나 독서, 체험 활동조차 오직 좋은 대학을 가기 위한 스펙 만들기에 맞춰져 있다. 시험 때가 되면 할아버지, 할머니 제사라도 참석이 면제된다. 수능이 1년 뒤로 다가올 때쯤부터 온 집안 식구들은 숨도 제대로 쉴 수 없는 분위기가 연출된다. 아이 대신 엄마는 00대학 설명회에 쫓아 다니기 바쁘고, 아이를 대신해 성적을 올려주는 좋은 학원, 좋은 선생님을 물색하기 바쁘다. 원서접수는 기본이고 아이의 식사, 간식, 한약 챙기고 학교에서 픽업해서 학원으로, 학원에서 다시 독서실로 이동하느라 수험생을 둔 엄마는 유명 연예인 매니저보다 바쁘다.

위에 열거된 헬리콥터 맘에서 자유로운 사람이 얼마나 될까? 아마도 자신의 모습을 지켜보고 있었던 건 아닐까 하는 생각에 섬뜩했을지도 모른다. 거기다 내심 '요건 몰랐지?' 싶은 나만의 대입 노하우 필살기까지 있을지도 모르겠다. 우리 대한민국 대다수 어머니들의 자화상이다.

자녀들은 성적 내는 기계나 다름없다. 성적이 조금이라도 떨어지면 살고 싶지가 않다. 마음 놓고 놀거나 쉬어 본 적이 언제인지 모른다. 다른 친구가 성적이 올랐다는 이야기를 들으면 화가 난다. 친구들에게 이번 시험엔 공부를 못해서 이미 망쳤다며 입만 열면 하얀 거짓말을 한다. 좋은 선생님이나 좋은 학원을 알게 되면 그 친구도 알고 올까봐 불안하다. 모두가 경쟁자이기 때문이다. 그렇게 기를 쓰고 경쟁을 해서 막상 대학에 갔는데 공부가 도통 재미없다. 적성이나 흥미 따위와는 거리가 먼 조금이라도 높은 학교를 써서 왔기 때문이다. 2017년 9월 8일자 조선비즈 기사에 따르면 대학생의 37%가 전공 선택을 후회했다. 그런데 전공을 살려 취업하겠다는 의사는 85.1%에 달해 적성에 맞지 않는 학과 및 직업 선택에 의해 사회적인 손실로도 이어질 가능성이 크다.

셋째, 유대인 부모처럼 해보자

유대인 교육에서 해법을 찾아보자. 너무 사랑스럽고 귀여운 아기 때부터 홍익인간 사상을 알려주고 머지않아 자신이 세상을 이롭게 할 귀한 일을 할 사람임을 알게 하자. 3~4살 때부터는 자연스럽게 주도성을 키워주는 교육을 하자. 너무 사랑스러워서 무엇이든 다 받아 주고 싶겠지만 유대인 부모처럼 사랑의 절반은 아이의 미래를 위해 가슴속에 저축해두자. 먼 훗날 아이가 세상 속에서 좌충우돌하며 의논을 해올 때 마음껏 꺼내 써도 좋도록 말이다. 우리 옛 말에 '귀한 자식 매 한 대 더 때리고, 미운 자식 떡 하나 더 준다.'고 했다. 정말 때리라는 것이 아니라 자녀가 귀할수록 험한 세상을 스스로 해쳐 나갈 수 있는 주도성을 길러주자는 이야기이다.

아이가 커갈수록 주도적으로 할 수 있는 일의 범위를 넓혀 나가자. 유대인의 성년식처럼 만 13세 생일을 각별하게 맞이하고 앞으로 어떤 모습으로 세상의 빛과 소금이 될 것인지 생각해보는 의식을 준비하자. 사춘기는 자신의 정체성을 찾는 시기이다. 그런 중요한 시기에 오직 'IN SEOUL', '좋은 대학'이라는 구태의연한 잣대를 들이대지 말고 어릴 때부터 아이가 정말 잘하고 좋아하는 것이 무엇인지 탐색해 나가도록 돕자. 자신의 재능으로 세상을 살기 좋은 곳으로 만든 위인들 이야기를 많이 알려주자. 자신의 재능으로 세상에 헌신하는 큰 뜻을 품은 자녀가 되도록 응원하고 자녀를 자랑거리로 만들려 하지 말고 내가 자녀들에게 자랑스러운 부모가 되도록 노력하자. 공부만 잘하는 기형적인 아이가 아니라, 홍익인간(널리 사람을 이롭게 하라) 뜻을 품고 재세이화(세상 속에서 화합하고 실천) 하는 참다운 인재가 되도록 응원하는 부모가 되자.

to be best in a
point of view.
Jewish ['dʒuː
people relati
Jews or thei
culture or re

부모 교육의 상식,
유대인 이야기

PART
03

유대인에게 배우는 부모 수업 | 3

세계를 움직이는 유대인 이야기

01 유대인은 어느 나라 사람을 말할까?

유대인은 이스라엘에 600만 명, 기타 여러 나라에 1,000만 명 정도가 흩어져 살고 있으며, 전체 인구는 1,600만 명 정도 된다. 전 세계에 흩어져 사는 유대인을 디아스포라(Diaspora)라고 일컫는다. 유대인은 한 곳에 모여 살지 않지만 어느 민족보다 강한 결속력을 갖고 있는 것으로 알려져 있다. 유대인은 '특정한 나라'에 살고 있는 사람들이라기 보다 유대 민족이라는 표현이 맞을 것이다. 그러나 엄밀하게 본다면 디아스포라로 다양한 인종이나 민족과 섞여왔기 때문에 민족으로 보기도 어렵다.

유대인의 기준

유대인은 종교적, 혈통적, 정치적 기준에 따라 규정된다. 종교적 유대인은 유대교를 믿는 사람이고, 혈통적 유대인은 어머니가 유대인인 사람이며, 정치적 유대인은 이스라엘 시민권자를 의미한다. 종교적으로 봤을 때 현대의 유대교는 정통파, 보수파, 개혁파 등 세 분파로 나누어져 있다.

10% 정도의 정통파 유대인은 전통의식과 전통축제를 철저히 지키면서 엄격한 종교생활을 하며 유대교 율법을 준수한다. 평생 토라와 탈무드를 공부하는 삶을 살면서 때에 따라 예시바에서 집중적으로 공부하기도 한다. 60% 정도의 개혁파 유대인은 전통과 율법을 지키려는 노력보다는 현대의 문제들에 더 많은 관심을 갖고 있으며 종교생활도 하지 않는다. 30% 정도의 보수파 유대인은 정통파와 개혁파의 중간 입장을 취하면서 기본적인 종교생활을 하면서 회당에서 주로 토라와 탈무드를 공부한다.

유대인에 대한 좀 더 명확한 근거로 랍비 Alfred J. Kolatch에 의하면 유대 율법은 어머니가 유대인이면 아이를 유대인으로 인정한다고 한다. 그러나 엄격했던 유대인에 대한 정의는 1950년 제정한 '귀환법'으로 대규모 유대인 수용정책을 펼치면서 의미가 확장되어 어머니가 유대인이거나 유대교를 믿는 사람, 유대인의 배우자, 유대인의 직계 존비속과 배우자 모두 받아들여지고 있는 것으로 알려져 있다. 한편 1983년 3월 유대인인 아버지와 비유대인 어머니 사이에서 태어나 유대인으로 양육된 경우 그 아이도 유대인으로 인정한다는 새로운 결정이 있었다.

유대인의 성공 유전자

유대인 중에 사회적 성공을 거두며 주목을 받고 있는 유대인들은 대부분 미국에 살고 있는 유대인이다. 미국의 유대인들은 미국 인구의 2.2%정도인 600만 명 정도에 불과하지만 뉴욕 워싱턴의 변호사 중 40%, 대학교수의 20%, 노벨상 수상자의 27% 이상, 미국 최고 부자의 40% 정도를 차지하며 엄청난 부와 권력으로 영향력을 행사하고 있는 것으로 유명하다. 인류 발전에 이바지한 에디슨, 아인슈타인, 프로이드, 마르크스 등이 대표적인 유대인이다.

유대인들이 특별한 성공을 거두는 이유에 대해 저명한 진화론자인 그레고리 코크랜 박사팀은 유전병을 유발하는 유전자 덕분이라고 주장한다. 유대인은 타 종족과 결혼하지 않기 때문에 똑똑한 유전자를 대물림 하게 되었다는 것이다. 특히 중·동부 유럽 출신 유대인인 아슈케나지 유대인은 그 당시 기독교인들이 경멸했던 고리대금업, 세금징수업, 무역업 등을 할 수밖에 없었는데 뛰어난 지능을 필요로 했던 이들 업종 덕분에 역설적으로 더욱 똑똑한 유전자를 전파할 수 있었다는 것이다.

유대인이 보여주고 있는 다양한 분야의 믿지 못할 성과의 원인에 대해서 여러 학자마다 다양한 분석을 내놓고 있다. 아울러 유대인들이 갖고 있는 막강한 경제력은 역사적으로 많은 나라에서 공격의 대상이 되어 왔고 '반유대주의'를 낳기도 했다.

우리나라도 다문화 인구가 점차 늘어가고 있다. 유대인을 구분하는 기준을 보며, 한민족을 구분하는 기준에 대해 생각해본다면?

02 왜 예루살렘을 이스라엘의 수도로 인정하는 것이 국제적으로 문제일까?

2017년 12월 6일 미국의 트럼프 대통령은 예루살렘을 이스라엘의 수도로 인정한다고 선언하고, 이스라엘 내 미국 대사관을 텔아비브에서 예루살렘으로 옮기도록 지시했다. 이스라엘은 기뻐했지만 팔레스타인과 주변의 아랍국가들, 유럽을 포함한 세계의 수많은 국가들이 우려 섞인 비난을 쏟아냈다. 트럼프 대통령의 선언이 왜 이렇게 큰 국제적인 파장을 불러일으키는 것일까?

예루살렘은 3개 종교의 성지

이스라엘의 중심부에 위치한 예루살렘은 유대교와 기독교, 이슬람교 등 세계 3대 유일신 종교들의 공통 성지다. 약 3,000년 전 사울이 이스라엘을 건국한 후 다윗과 솔로몬에 의해 예루살렘은 유대인의 성지가 되었다. 약 2,000년 전 예수가 태어나서 죽음을 맞이한 예루살렘은 기독교(로마 가톨릭교, 동방정교회, 개신교)의 성지가 되었다. 약 1,500년 전 아브라함의 장자 이스마엘의 혈통인 무함마드(마호메트)가 이슬람교를 창시하고, 알라의 계시를 받기 위해 하늘로 승천한 예루살렘은 이슬람교의 성지가 되었다. 로마 제국의 통치 시절에 반란을 일으켜 예루살렘에서 추방당한 유대인들은 2천 년 동안이나 나라 없이 세상을 떠돌게 되었고, 그 사이 예루살렘은 팔레스타인 사람들을 중심으로 아랍계 민족들이 살게 되었다.

이스라엘과 팔레스타인이 대립하며 다투고 있는 예루살렘은 물리적으로 이스라엘이 점령하고 있지만 국제법상 어떤 나라의 소유도 아니다. 영국은 1915년 '맥마흔 선언'을 통해 팔레스타인 지역에 아랍국가 건설을 약속했고, 1916년 '사이크스-피코 밀약'을 통해 프랑스, 러시아와 함께 중동지역을 나누어서 차지하는 협약을 맺었으며, 1917년 '벨푸어 선언'을 통해 팔레스타인 지역에 유대인 국가 건설도 약속했다.

2차 세계대전이 끝나고 유대인들은 홀로코스트와 같은 참사와 박해, 학살을 더 이상 겪지 않기 위해 자신들만의 나라를 세워야겠다고 결심하고는 고향 땅인 예루살렘 주변으로 이주하기 시작했다. 하지만 1,300년이 넘게 자신들의 땅에서 잘 살고 있던 팔레스타인 사람들은 어느 날 갑자기 자기들 땅에 들어와 국가를 세우려는 유대인들을 도저히 받아들일 수가 없었다. 결국 과거의 주인임을 자처하는 이스라엘과 현재의 주인임을 내세우는 팔레스타인은 크고 작은 분쟁의 소용돌이 속으로 빠져들었다. 이스라엘과 팔레스타인의 분쟁이 시작된 이유는 겉으로는 신사인 척하지만 알고 보면 탐욕과 음흉함으로 가득 찬 제국주의 영국이 이중 계약을 체결했기 때문이었다.

분쟁의 시작, 전쟁의 시작

팔레스타인을 위임 통치하고 있던 영국은 자신들의 간교한 계략으로 문제가 커지자 골치 아픈 상황에서 벗어나려고 이 문제를 유엔에 떠넘겼다. 1947년 11월에 유엔은 팔레스타인을 유대인 지구와 아랍인 지구, 국제연합 통치령(예루살렘 포함)으로 분할하여 유대인 국가와 아랍 국가를 동시에 수립하는 결의안(181조)을 채택했다. 결의안에 따라 아랍인들이 살고 있던 팔레스타인 지역은 유대인이, 가자와 요르단 지역은 아랍인이 나라를 세울 수 있게 되었다. 결국 예루살렘은 국제법상 어느 나라에도 속하지 않게 되었고, 어떤 나라도 수도로 만들 수 없게 되었다. 그로부터 6개월 뒤인 1948년 5월 14일에 이스라엘은 벨푸어 선언을 근거로 유대 국가 수립을 선포했고, 예루살렘은 동예루살렘(요르단령)과 서예루살렘(이스라엘령)으로 분리되었다. 아랍 국가들은 즉각적으로 반대했고, 아랍과 이스라엘의 본격적인 분쟁이 시작되었다.

첫 번째 분쟁은 이스라엘이 국가 수립을 선포한지 하루 만에 일어났다. 1948년 5월 15일에 이집트와 요르단, 시리아, 이라크 등 아랍 연합군은 이스라엘 독립 선언에 반대하며 공격을 감행했다. 제1차 중동 전쟁

(1948년 5월 15일~1949년 3월 10일, 이스라엘 독립전쟁)은 미국과 유럽 강대국들의 물질적, 정보적 지원에 힘입은 이스라엘의 승리로 끝났다. 이스라엘은 유대인 지구 전체와 아랍인 지구의 약 60%를 차지하게 되었다. 이후 제2차 중동전쟁(1956년 10월 29일~1956년 11월 7일, 수에즈 전쟁)과 제3차 중동전쟁(1967년 6월 5일~1967년 6월 10일, 6일 전쟁), 제4차 중동전쟁(1973년 10월 6일~1973년 10월 26일, 욤 키푸르 전쟁) 등에서 잇따라 승리하면서 이스라엘은 영토를 조금씩 늘려나갔다. 4차례의 중동전쟁을 통해 이스라엘은 기존의 서예루살렘에 이어 동예루살렘도 점령했고, 독립 초기의 8배가 넘는 영토를 갖게 되었다.

뜨거운 감자, 예루살렘

1980년 7월 30일 이스라엘 국회는 〈이스라엘의 수도 예루살렘에 관한 기본법〉을 통과시켜 예루살렘을 이스라엘의 수도로 공표했지만 국제 사회의 인정을 받지는 못하고 있다. 1980년 8월 20일 유엔 안전보장이사회는 478호 결의안을 통해 이스라엘의 주장을 국제법 위반으로 간주했다. 이 결의안에 따라 유엔의 모든 회원국의 대사관들은 예루살렘이 아닌 텔아비브에 있으며, 사실상 텔아비브가 이스라엘의 수도 역할을 하고 있다.

이런 상황에서 터져나온 트럼프 대통령의 선언은 중동의 화약고 예루살렘에 기름을 붓는 것과 마찬가지였다. 트럼프 대통령의 선언 직후인 2017년 12월 18일 유엔 안전보장이사회가 긴급 소집되어 트럼프 대통령의 선언에 반대하는 '예루살렘 결의안'을 채택하려 했지만 미국의 거부권 행사로 무산되었다. 4일 뒤 2017년 12월 22일에 유엔 총회는 '예루살렘 결의안'을 상정했고, 128개국 찬성, 35개국 기권, 9개국 반대(미국과 이스라엘 외 7개 중소 국가)로 결의안이 통과되었다.

유엔 주재 미국대사는 "미국의 주권이 유엔 총회로부터 공격당하는 모욕을 받았다."면서 예루살렘 결의안에 찬성표를 던진 국가들의 이름을 메모해 두겠다며 노골적인 공갈과 협박을 했다. 그리고 예루살렘 결의안에 반대표를 던졌거나 기권, 불참한 유엔 회원국들을 연말 파티에 초대했다.

유엔 사무총장은 2018년 신년사에서 "세상이 거꾸로 돌아가고 있어서 적색경보를 발령한다."라고 말했다. 미국과 이스라엘이 유엔 총회에서 128개국의 압도적인 지지를 받아 통과된 '예루살렘 결의안'을 지키지 않는다면 유엔과 국제 사회에 대해 선전 포고를 하는 것과 마찬가지라는 것이다.

2018년 5월 14일 미국은 이스라엘 건국 70주년을 맞아 주 이스라엘 대사관을 텔아비브에서 예루살렘으로 전격 이전하고 개관식을 가졌다. 팔레스타인은 미래의 자국 수도가 예루살렘이라고 주장하고 있어서 이 지역의 유혈사태가 확산될 거라는 우려가 커지고 있다. 앞으로 어떤 일들이 전개될지 관심 있게 지켜봐야 할 것이다.

한 나라의 문제에 다른 나라들이 참견하는 것에 대해서 어떻게 생각하는가?

하브루타를 위한 이스라엘 팔레스타인 분쟁 관련 추천 영화 리스트

1. 용서(Forgiveness, 2010) : 12세 이상, 다큐멘터리, 한국, 93분

- 김종철 감독
- 영화 소개 : 이스라엘 내의 팔레스타인 자치구는 이슬람교를 정식종교로 채택하고 있는데, 이 지역에는 약 100명 이상의 크리스찬이 숨어 살고 있다. 이슬람교를 배반한 사람들은 반드시 처단해야 한다는 교리 때문에 이들은 생명의 위협을 느끼며 밤 늦은 시간이나 새벽에 예배를 드리고 있다. 가자지구와 서안지구를 둘러싼 이스라엘과 팔레스타인 사람들의 영토 분쟁과 종교 갈등에 대해 이해할 수 있을 것이다.

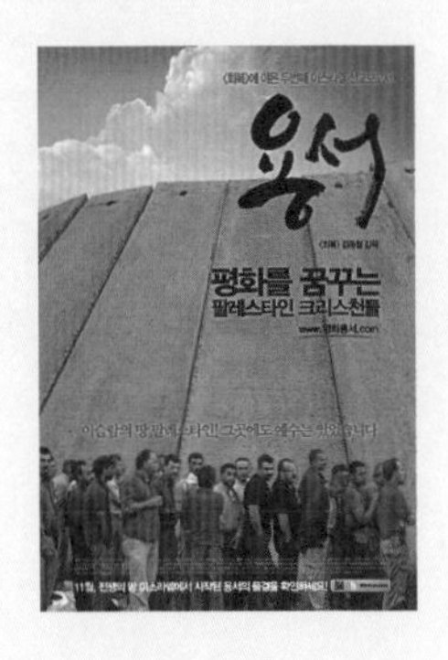

- 네이버 영화 정보 : https://movie.naver.com/movie/bi/mi/basic.nhn?code=79152

2. 오마르(Omar, 2013) : 15세 이상, 드라마, 팔레스타인, 96분

- 하니 아부 아사드 감독, 아담 바크리 주연
- 영화 소개 : 팔레스타인 가자지구의 제빵사 오마르는 여자친구 나디아를 만나려고 총알이 빗발치는 장벽을 수시로 넘나든다. 어느 날 친구들과 이스라엘 군부대를 습격하다가 비밀경찰에게 잡히게 되고, 협박과 강요에 못이겨 이중첩자가 되는 조건으로 풀려난다. 비밀경찰과 아슬아슬한 줄다리기를 하는 상황에서도 사랑과 우정을 지키기 위해 노력하는 오마르의 모습

을 통해 가자지구의 현실을 이해할 수 있다.

- 네이버 영화 정보 : https://movie.naver.com/movie/bi/mi/basic.nhn?code=108697

3. 침묵을 깨다(BREAKING THE SILENCE, 2009) : 15세 이상, 다큐멘터리, 일본, 130분

- 도이 토시쿠니 감독
- 영화 소개 : 이스라엘 사람들이 팔레스타인 점령지인 서안지구에서 가장 큰 도시인 헤브론에서 군 복무시에 행사한 폭력을 당시에 근무한 병사들을 통해 인터뷰 형식으로 고발한 다큐멘터리다. 10년 동안의 촬영 기간을 거쳐 피해자가 아닌 '가해자'의 시선으로 전쟁의 폐해를 고발한다. 팔레스타인을 점령한 이스라엘 군인들이 어떻게 평범한 젊은이에서 괴물같은 학살자로 변해가는지를 지켜보면서 전쟁의 참상을 이해할 수 있다.

- 네이버 영화 정보 : https://movie.naver.com/movie/bi/mi/basic.nhn?code=78058

03 미국은 왜 이스라엘을 전폭적으로 지지할까?

1, 2차 세계대전을 거치면서 미국은 초강대국으로 거듭나 전 세계를 쥐락펴락 하고 있다. 그런데 그런 미국을 좌지우지 하는 것은 인구의 3% 정도 밖에 되지 않는 유대인들이다. 미국의 대통령 후보들은 각계각층의 리더를 맡고 있는 유대인들에게 잘 보여야 하고, 선거일 전에는 이스라엘을 방문해 확실한 지지 입장을 밝히는 것이 관례로 인식되고 있다. 미국 내에서 소수 민족에 불과한 유대인들이 이런 엄청난 영향력을 발휘하는 이유는 무엇일까? 미국의 300년 역사가 유대인과 어떤 관련이 있는지 살펴보자.

유대인, 미국에 상륙하다

1492년은 유대인 역사에서 아주 특별한 해였다. 스페인에서 추방된 유대인들이 후손들의 편안한 안식처를 마련하기 위해 콜럼버스의 신대륙행 배에 기독교인들과 함께 대거 승선했기 때문이다.

초기의 신대륙 역사는 중세 유럽의 종교재판을 피해 탈출한 유대인들이 정착한 브라질을 중심으로 남미에서 이루어졌다. 브라질에 정착한 유대인들은 담배와 사탕수수 농장 운영, 지하자원 탐사, 해안 탐험과 요새 건설 등의 일을 하며 상인이나 금융가 계층을 형성했다. 하지만 남미에 정착한 기독교인들은 신대륙을 수탈하는 데만 혈안이 되었고, 마녀사냥식 종교재판도 답습했다. 혼란스러운 시기에 종교재판을 피하려던 유대인들은 네덜란드와 힘을 합쳐 포르투갈이 차지하고 있던 기지들을 빼앗았다. 하지만 1654년 네덜란드는 포르투갈과의 전쟁에서 패했고, 유대인들은 네덜란드를 도왔다는 혐의로 브라질에서 추방되어 흩어지게 되었다.

브라질에서 추방된 유대인들 중에 23명이 북미 최고의 항구 뉴암스테르담에 도착하면서 미국 유대인의 역사가 시작되었다. 10년 뒤 1664년에 영국이 네덜란드와의 전쟁에서 승리하면서 뉴암스테르담은 찰스 2세의 동생 요크 공의 차지가 되었고, 요크 공의 이름을 따 '뉴욕(New York)'이 되었다. 국제 연합 본부가 있는 뉴욕은 현재 세계 최고의 항구 도시이자 세계의 문화 수도, 국제 외교의 중심 도시다.

미국의 유대인들은 네 번에 걸친 이민 파동을 통해 미국의 역사에 의미있는 흔적을 남겼다. 1654년~1825년까지의 첫 번째 이민 파동으로 1만 명 정도의 유대인이 이주했다. 유럽과는 달리 미국의 유대인들은 공동체가 아니라 개인이나 가족 단위로 정착해서 미국 사회에 빠르게 동화되어 갔다. 미국의 유대인들이 유럽에서처럼 차별을 겪지 않았던 이유가 몇 가지 있다.

첫째, 다양한 인종과 여러 가지 종교가 섞여 있는 미국의 특성상 유대인이 크게 눈에 띄지 않았기 때문이었다. 둘째, 미국의 중산층으로 자리잡은 유대인들은 법정에서도 정의로운 판결을 받을 수 있었기 때문에 자신들을 보호하기 위해 독자적인 공동체를 가질 필요가 없었다. 셋째, 미국의 주류 지배층이 된 청교도들이 친유대주의 성향을 가졌기 때문이었다. 구약 성경의 정신적 계승자로 자처하는 청교도들은 같은 배를 타고 미국으로 건너 온 유대인들을 순례의 동반자로 여겼다. 이런 분위기 탓에 1730년까지 미국에는 유대인 회당도 없었고, 이름도 미국식으로 짓는 것이 일반적이었다.

1825년부터 1880년까지의 두 번째 이민 파동으로 25만 명 정도의 유대인이 미국으로 이주했다. 당시의 유대인들은 1789년 프랑스 혁명으로 촉발된 유럽의 혁명 세력과 반 혁명 세력과의 충돌을 피하기 위해 700만 명의 기독교인들과 함께 탈출해 미국에 정착했다. 이 시기가 바로 미국 역사의 황금기로 불리는 '서부 개척 시대'였다. 서부는 개척되어 비옥한 농지로 바뀌었고, 동부는 농업 이익이 산업에 투자되면서 비약적인 발전을 이루었다. 유럽에서 넘어온 대규모의 이민자들 중에 기독교인들은 주로 서부 농장의 농부가 되었고, 유대인들은 동부에서 상업에 종사하는 상인이 되었다. 유대인들은 행상이나 노점상에서 출발해 자영업이나 무역을 하다가 백화점업이나 금융업으로 진출했다.

1880년부터 1920년까지의 세 번째 이민 파동으로 200만 명 정도의 러시아계 유대인이 미국으로 이주했다. 당시의 유대인들은 러시아와 동유럽을 휩쓴 대규모 유대인 학살을 피해 탈출한 것이었다. 동유럽에서 이주한 유대인들은 주로 미국의 공장에서 미숙련 노동자로 일했지만 러시아에서 이주한 유대인들 중에는 지식 전문가들이 많아서 전문직이나 과학자, 예술가, 고위 공무원이 되거나 숙련 기술자로 일했다.

뉴욕의 맨해튼에 정착한 러시아계 유대인들은 처음에는 빈민가에서 힘겹게 살았지만 부모 세대의 근검절약과 자녀 세대의 학업성취로 동부의 아이비리그 명문 대학에 많이 입학하게 되었다. 주로 법학과 의학을 전공한 유대인 이민 2세들은 1940년대에 뉴욕 전체 의사, 법률가의 60%를 차지하게 되었다.

1차 세계 대전이 끝난 후에 불어닥친 반공주의 열풍으로 인한 이민자 유입 금지 법안으로 인해 1920년대에는 미국으로 이민오는 사람이 거의 없었다. 1929년 대공황의 여파로 경기 침체에 빠지게 되자 미국에서도 반유대주의 기조가 흐르는 듯 했지만 루즈벨트 대통령의 뉴딜 정책 덕분에 경기가 회복되자 더 이상 확산되지는 않았다.

1933년부터 1945년까지 네 번째 이민 파동으로 30만 명의 독일계 유대인이 미국으로 이주했다. 당시의 유대인들은 히틀러와 나치 정권의 유대인 학살을 피해서 탈출한 것이었다. 독일계 유대인 중에는 아인슈타인과 스질라드 같은 과학자, 레오 스트라우스 같은 정치 사상가, 학자, 작가들이 많았다. 이로써 독일의 지성은 퇴보하고 미국의 지성은 도약하게 되었다. 노벨상 수상자로 보면 1901년부터 1931년까지는 독일이 35명, 미국이 14명이었지만 1943년부터 1955년까지는 미국이 29명, 독일은 5명으로 역전된 것을 알 수 있다.

형과 동생격인 미국과 이스라엘의 관계

이스라엘이 미국을 형처럼 생각하고, 미국이 이스라엘을 동생처럼 생각하는 것은 두 나라의 특별한 관계 때문이다.

첫째, 미국은 청교도들의 신앙을 국가 성립의 기본으로 삼았기 때문에 친유대주의 성향이 강하다. 유럽의 나라들이 유대인과 협력할 때는 창궐했다가 유대인을 추방한 뒤에는 쇠퇴하기를 반복한 반면에 미국은 유대인과의 지속적인 상생과 조화로 승승장구 하고 있다. 둘째, 미국은 넓은 영토에 비해 인구가 많지 않기 때문에 유대인들을 핍박할 필요가 없었다. 유럽은 좁은 땅에 많은 인구가 몰려 있어서 유대인들을 경쟁자로 생각했지만 미국은 유대인들을 동반자로 생각했다. 셋째, 미국에서 이스라엘 문제는 인종적인 관점이 아니라 보편적인 인권의 관점으로 인식되기 때문이다. 미국인들은 반인권행위가 만연한 중동에서 인권을 존중하는 이스라엘을 자유 민주주의를 수호하기 위한 전초기지로 생각한다. 넷째, 미국

내 유대인들은 다른 나라의 유대인들과 달리 자신들을 '미국인'으로 느끼고 있기 때문이다. 전 세계의 유대인을 '이스라엘 유대인', '미국 유대인', '기타 유대인'으로 구분하는 이유는 미국의 유대인들이 이방인이 아니라 미국인으로 자리 매김을 했기 때문이다.

부부나 친구, 선후배 등 사람과 사람 사이의 관계도 오랜 시간 동안의 역사적 사건들이 모여서 좋고 나쁨을 결정하듯이 나라와 나라 사이의 관계도 역사적 사건들이 하나 둘 쌓여서 우호적이 되거나 적대적이 된다. 미국의 역사 속에서 유대인들이 어떤 역할을 해왔는지 이해한다면 이스라엘을 무조건 예뻐하는 형의 모습이 그려질 것이다.

자국의 입장만을 고려해 여론을 무시하는 것에 대해서 어떻게 생각하는가?

04 사람들은 왜 유대 상인을 악독한 사람으로 묘사할까?

사람들에게 '유대인' 하면 가장 먼저 떠오르는 게 뭐냐고 물어보면 셰익스피어의 〈베니스의 상인〉에 등장하는 피도 눈물도 없는 고리대금업자이자 유대 상인인 '샤일록'이라고 대답하는 경우가 많다. 도대체 샤일록이 어떤 인물이길래 사람들이 악독하다며 혀를 차는 것일까? 〈베니스의 상인〉에 나오는 한 장면 속으로 들어가 보자.

사업 확장으로 여유 자금이 부족하던 베니스의 상인 안토니오는 친구 밧사니오가 포셔에게 청혼하기 위한 자금을 빌려 달라고 하자 유대 상인 '샤일록'을 찾아가게 된다. 샤일록은 안토니오가 평소 사람들에게 공짜로 돈을 빌려주면서 자신의 사업을 방해했기 때문에 그를 미워하고 있었다. 그리고 자신을 업신여기며 경멸하기까지 했던 터라 증오심에 불타 복수할 기회라고 생각한다.

샤일록 : “너희 예수쟁이들이 마법을 써서 악마를 집어 넣었다는 돼지 고기를 먹으라니. 너희들과 함께 사고, 팔고, 얘기도 하고, 같이 걷기도 하겠지만 함께 먹거나 마시거나 기도하지는 않을 거야. 로마의 세금쟁이 같은 저 예수쟁이의 꼴 좀 봐. 저 놈은 우리 유대인을 미워하고 있어. 내가 저 놈을 용서하면 우리 유대인이 저주를 받을 거야. 두고 봐, 톡톡히 갚아줄테다.”

안토니오 : “샤일록 씨, 나는 고리를 받으면서 돈을 꿔주거나 빌리지 않지만 친구가 급히 돈이 필요하다고 해서 내 관례를 깨뜨리고 빌리러 왔습니다. 석 달 동안 3천 다카트가 필요합니다.”

샤일록 : “당신은 이자를 붙여서 돈을 꿔주거나 빌리지 않는다고 했지요? 야곱이 외삼촌 라반의 양을 치고 있었을 때 야곱은 머리 좋은 어머니 덕분에 형을 제쳐두고 우리의 선조 아브라함의 세 번째 상속자가 되었습니다.”

안토니오 : “그래서 야곱이 어쨌다는 겁니까? 이자라도 받았나요?”

샤일록 : “야곱은 얼룩백이 새끼들은 모두 자신의 품삯으로 받기로 라반과 약속을 했지요. 야곱은 암양들이 숫양들과 짝짓기를 할 때 껍질을 벗긴 가지들을 암양들 앞에 꽂아두었습니다. 그런 후에 새끼 양들이 태어났는데, 점박이들만 잔뜩 있었지요. 그 새끼 양들은 모두 야곱의 몫이 되었고, 야곱은 부자가 되었습니다. 도둑질만 아니면 돈벌이는 축복이지요.”

안토니오 : 얼룩백이 새끼 양들이 태어난 것은 야곱이 의도한 게 아니라 하늘의 손에 의해 만들어진 것이지요. 이자놀이를 정당화 하려고 그런 말을 하는 건가요? 당신의 금은보화가 암양과 숫양이라도 되나요? 악마도 자신의 이익을 위해 성경을 들먹거리지요. 고리대금업을 정당화시키기 위해 사악한 영혼으로 성스러운 증거를 대지 마세요. 보기 좋은 사과지만 그 속은 썩었군요.

샤일록 : 3천 다카트는 꽤 큰 돈이죠. 안토니오 씨는 거래소에서 내 돈과 고리대금에 대해 날 욕하곤 했지요? 하지만 난 그 동안 묵묵히 참아왔어요. 고난은 우리 모든 유대인들의 징표니까요. 당신은 나를 '이교도'라느니 '무자비한 개'라느니 욕 하면서 가래침도 뱉었어요. 모두가 내 돈을 사용하는 대가였지요. 그런데 이젠 내 도움이 필요하다구요? 자기 침을 내 수염에 뱉었던 당신이, 이 몸을 미친 개 몰아내듯이 문지방 너머로 발길질 하더니, 이제 와서 돈이 필요하다구요? 내가 뭐라고 말해야 할까요? 이렇게 대답하면 될까요? 개가 무슨 돈이 있나요? 개가 3천 다카트를 꿔준다는 것이 가능한가요? 아니면 노예처럼 몸을 낮추고, 숨소리를 죽이며 겸손하게 이렇게 말할까요? "선생께선 지난 주에 제게 침을 뱉으셨고, 며칠 전에는 발길질을 하셨습니다. 한 번은 개라고도 부르셨지요. 그런 예우에 대한 대가로 이렇게나 많은 돈을 빌려드립니다."

안토니오 : 난 앞으로도 당신을 개라고 부를 겁니다. 계속 침도 뱉을

거고, 발길질도 할 겁니다. 이 돈은 친구에게 빌려준다고 생각하지 마세요. 새끼도 못 치는 돈을 친구에게 빌려주고 이자를 받을 수 있다고 생각하지도 마세요. 차라리 적한테 빌려준다고 생각하세요. 그래야 만약 계약을 어기더라도 떳떳하게 벌금형을 받을 수 있을 테니까요.

샤일록 : 왜 그리 호통을 치시나요? 나는 안토니오 씨와 친구가 되어 우정도 얻고, 치욕도 잊고 싶었습니다. 그래서 당신의 요구를 들어주고 이자를 한 푼도 안 받으려고 했습니다. 그런 친절한 제안을 받아들이지 않겠다면 어쩔 수 없지요. 셋이 함께 공증서로 가서 무담보 계약에 서명하지요. 단 조건이 하나 있습니다. 만약 약속한 기한 내에 돈을 갚지 못하면 당신의 몸에서 1파운드의 살덩이를 떼어내기로 계약서에 명시하는 게 어떨까요?

안토니오 : 허, 참! 좋습니다. 그 계약에 서명한 뒤에 유대인은 무척 친절하다고 말해야 겠군요.

셰익스피어가 유대상인을 악독한 고리대금업자로 묘사한 것처럼 반유대주의 정서는 작가들의 작품에도 많은 영향을 미쳤다. 서기 93년에 출간된 요세푸스의 〈유대 고대사〉에서는 기원전 3세기에 이집트의 제사장 마네토가 유대인의 출애굽 이야기를 나병환자들을 이집트에서 추방한 사건으로 묘사했다고 기록하고 있다.

기원 전 2세기에는 아폴로니오스 몰론과 포세이도니오스, 데모크리토스, 아피온, 플루타르코스, 타키투스 등이 유대인을 폄하했다. 유대인들이 아이들을 잔인하게 학살하고 인육을 먹는다느니, 당나귀를 숭배하거나 성전에 당나귀 머리를 올려놓고 기도한다느니, 은밀하게 사람을 제물로 제사를 지낸다는 등의 근거 없는 소문을 그대로 책에 실은 것이었다. 말로 퍼지는 소문은 시간이 지나면 사라지지만 글로 기록된 소문은 시간을 초월해 전승된다. 셰익스피어도 이런 고대 작가들의 반유대주의 정서가 깃든 작품에서 영향을 받았다고 볼 수 있다.

소설이나 드라마 등에서 어떤 직업이나 인종을 특정한 이미지로 그리는 것에 대해서 어떻게 생각하는가?

05 유대인들은 왜 사회적 비난을 받던 고리대금업에 종사했을까?

중세에 대금업은 천사와 악마의 두 얼굴을 가진 대상이었다. 사람들은 돈이 필요할 때 대금업자를 천사처럼 반겼다. 평민들은 흉년에 곡물을 사기 위해, 귀족들은 화려한 파티를 열기 위해, 성직자들은 성당과 수도원을 짓기 위해 대금업자에게 돈을 빌렸다. 하지만 돈을 갚을 때는 대금업자를 악마처럼 무서워했다. 중세에는 돈을 빌려주고 이자를 받는 '대금업'이 왜 가장 비난을 받는 업종이었을까? 유대인들은 왜 고리대금업에 많이 종사했을까?

유대인들이 진출가능했던 틈새 시장

중세 유럽 사회에서는 반유대적인 법령들 때문에 유대인들이 토지와 노예를 소유할 수 없었다. 중세는 토지를 중심으로 자급자족하던 봉건사회였기 때문에 유대인들은 노동 집약적인 농업에 종사하기 어려웠다. 유대인들이 제도권 안에서 생활하지 못하고 외곽을 떠돌 수밖에 없었던 이유도 이런 법령들 때문이었다. 유대인들에게는 상업과 대금업이 유일한 틈새 시장이었다.

유대인들이 기독교인들에 비해 고리대금업에 많이 종사할 수밖에 없었던 가장 큰 이유는 '이자'에 대한 상이한 관점 때문이다. 기독교는 이자가 시간의 대가로 주어진 것이므로 시간의 주인인 하나님께 귀속되어야 한다고 생각했다. 그래서 1179년 로마 교황청은 기독교인들이 공식적으로 대금업에 종사하는 것을 금지하는 교서를 발표했다. 반면 유대교는 동족이 아닌 이방인과의 거래에서 이자를 받는 것을 허용했다.

중세 기독교는 이자를 받고 돈을 빌려주는 행위를 죄악으로 여겼고, 영혼을 지옥에 파는 것으로 믿었다. 하지만 십자군 운동과 종교개혁을 통해 기독교 중산층들이 대금업에 진출하면서 분위기가 많이 바뀌게 되었다. 유대인들이 독점하던 대금업에 뛰어든 기독교 중산층들은 국제적인 무역과 금융 네트워크를 갖고 있던 유대인들과 공정한 경쟁을 해서는 이길 가능성이 없다고 판단했다. 그래서 정부에 유대인들을 추방하도록 압력을 가했다.

유대인은 '악한' 고리대금업자?

서유럽에서 활동하던 유대인들이 100년 정도 발전이 뒤쳐진 동유럽으로 대거 이동하자 서유럽의 금리가 폭등하기 시작했다. 돈놀이의 재미를 맛본 기독교 중산층들이 터무니없이 높은 이자율을 적용해 자신들의 수익률을 극대화했기 때문이었다. 유대인들의 대금업이 제1금융권(은행)이나 제2금융권(저축은행, 신용협동조합, 보험회사)같은 공식적인 '금융업'의 이미지였다면, 기독교 중산층들의 대금업은 제3금융권(대부업체, 사금융)처럼 비공식적인 '사채업'의 이미지였다.

유대인들에게는 국제 협약인 탈무드와 법률적 권위자인 랍비가 있어서 대금업을 할 때 적절한 이율을 받아야 한다는 규칙이 있었다. 탈무드에는 '과도한 이자는 사람을 죽이는 일'이라고 명시되어 있기도 하다. 하지만 기독교 중산층들에게는 탐욕을 제어해 줄 아무런 장치가 없었다.

국민들이 높은 이자율로 고통을 받자 서유럽 국가의 의회는 유대인 대금업자를 다시 자국으로 불러들여야 한다고 왕에게 청원했지만 별로 소득이 없었다. 왜냐하면 위기감을 느낀 기독교 중산층들이 왕에게 뇌물을 바치며 적극적인 로비에 나섰고, 동유럽에서 자리를 잡은 유대인들도 다시 서유럽으로 돌아갈 마음이 별로 없었기 때문이었다. 하지만 대출 이자율이 갈수록 치솟고, 대출 문턱도 점점 더 높아지자 국민들의 원성이 하늘을 찔렀고, 결국 왕은 유대인들을 불러들이기 위한 노력을 좀 더 적극적으로 할 수밖에 없었다. 높은 이자 때문에 고통받는 '선한' 기독교인과 높은 이자로 괴롭히는 '악한' 유대인의 이미지는 기독교 중산층 고리대금업자들이 만들어 낸 거짓된 신화였다.

기독교 중산층과의 진검 승부

근대 자본주의를 탄생시킨 에너지의 원천을 두고 막스 베버는 '개신교의 세속적 금욕주의'라고 봤고, 베르너 좀바르트는 '유대인의 상업주의'라고 봤다. 십자군 운동과 르네상스 이후 탄생한 기독교 중산층들은 봉건제도의 규제에서 벗어나 더 많은 노동력으로 대량생산이 가능한 근대 자유시장을 원했다. 과거에는 가톨릭교회의 예배당이 '선(善)'이었다면 이제는 상품을 팔아 돈을 벌 수 있는 시장이 '최선(最善)'이었다. 봉건 영주들과 왕, 교황 등은 기존의 제도와 질서를 지키며 자신들의 기득권을 유지하려고 애썼다. 기독교 중산층은 무역의 확대로 인해 축적된 부(富)를 바탕으로 과거 기득권 세력에 도전장을 던졌다. 출신 성분에 따라 형성된 중세 귀족층과 축적된 경제력을 바탕으로 힘을 얻게 된 근대 기독교 중산층의 진검 승부가 시작된 것이었다.

기독교 중산층은 가톨릭교에 반대하는 개신교 혁명을 이끌면서 자신들의 경제적 이익에 유리한 방향으로 종교혁명에 영향을 미쳤다. 개신교는 가톨릭교에서 금지되던 것들을 허용하는 새로운 강령들을 발표했고, 특히 대금업을 공식적으로 인정했다. 기독교 중산층은 개신교에서 자본주의를 합법화 시켜줄 시스템과 모델을 찾았다. 기독교 중산층은 개신교를 전폭적으로 지지하며 자본주의를 '선(善)'으로 받아들이게 했다. 이렇게 개신교와 자본주의는 함께 손을 잡고 근대의 문을 열었다.

유대인, 유럽의 상업과 무역을 장악

유대인들이 유럽의 상업을 석권할 수 있었던 이유는 그들만의 전통과 문화 때문이었다. 중세 가톨릭 신자들의 대부분은 문맹이었지만 유대인들은 어릴 때부터 토라와 탈무드를 공부했기 때문에 대부분 글을 읽고 쓸 줄 알았다. 중세 상인들은 거래를 위해 장부를 기록하거나 편지를 쓰거나 증빙 서류를 작성해야 해서 유대인들은 상업에 종사하는 데 유리할 수밖에 없었다. 유대인들의 동족 간 나눔 정신과 공동체 의식도 상업에 긍정적으로 작용했다. 유대인들이 전 세계의 어느 회당을 가더라도 필요한 정보를 얻고 도움을 받을 수 있으며, 무이자로 사업자금을 빌릴 수 있고, 엄청난 금액을 기부하거나 가난한 동포를 조건 없이 돕는 것이 대표적인 예다.

유대인 랍비들은 관습 관련 대소사를 논의하고 종교적 의문점을 해결하기 위해 멀리 떨어져있는 커뮤니티끼리 일상적인 편지를 주고받았다. 그런데 이 편지에는 각 현지의 경제 사정과 사회 변화들이 자세히 담겨 있었으며, 특히 상품과 화폐의 시세 변동 정보도 수록되어 있었다. 유대인 랍비들은 어디에서 어떤 상품이 풍부하고 부족한지 알 수 있었다. 유대인들은 랍비의 가르침을 따라 상품을 넘치는 곳에서 모자라는 곳으로 옮겨 주거나 금과 은의 교환 비율에 따라 적절히 대응하면서 돈을 벌었다.

11세기 이탈리아의 시장에서는 전 세계의 무역상을 대상으로 긴 탁자(banko)를 놓고 환전을 해주거나 어음과 신용장을 취급하는 뱅카(banka)들이 있었다. 오늘날 bank(은행)와 banker(은행원)의 어원은 이탈리어어 banko(탁자)에서 유래된 것이었다. 환전을 하려면 세계 각국의 주화 환율을 파악하고 있어야 했으므로 많은 정보가 필요했다. 이런 정보를 알 수 있는 사람들은 각 현지 커뮤니티와 수시로 정보를 교환하는 유대인밖에 없었다. 유대인이 유럽의 상업과 무역을 장악할 수밖에 없었던 이유였다.

근대 자본주의를 태동시킨 유대인

유대인들이 근대 자본주의를 태동시킨 비결은 그들이 만든 '금융 경제' 때문이었다. 금융 경제란 추상적인 개념의 경제를 뜻하며, 대표적인 예가 은행 대출과 이자 수익 시스템이다. 실물 경제란 실체적인 개념의 경제를 의미하며, 기업의 생산과 개인의 노동, 시장의 거래 등 실제로 부가가치를 창출하는 경제 활동을 말한다. 중세 봉건사회는 성직자와 귀족, 농노의 세 계층으로 구성되었고, 유대인은 체제 중심에서 벗어나 상인 계층을 형성했다. 유대인들은 국가 권력의 지원을 받기 어려웠기 때문에 생존을 위해 실물 경제와는 다른 금융 경제를 만들 수밖에 없었다. 유대인들이 금융 경제를 만들 수 있었던 것은 몇 가지 배경이 영향을 미쳤기 때문이었다.

첫째, 유럽의 기독교 국가들이 봉건주의 사회체제 속에서 헤매고 있을 때 디아스포라로 흩어진 유대인들은 유럽과 아프리카, 인도, 중국을 포괄

하는 국제적인 상업망을 갖고 있었다.

둘째, 유대인들이 국제 사업망에 '신용과 양도, 담보' 제도의 개념을 도입했다. '신용(信用)'이란 채권, 채무로 이루어진 인간 관계를 뜻하고, '양도(讓渡)'란 법률상의 권리나 지위를 남에게 넘기는 것을 의미하며, '담보(擔保)'란 채무자가 빚을 갚지 않을 경우를 대비해 그 빚을 대신할 수 있는 대상을 신용으로 받는 것을 뜻한다. 당시 기독교에서는 개인적인 채무만 인정했기 때문에 채권자가 사망하면 채권, 채무 관계가 소멸되었다. 그래서 기독교인들이 반유대주의 폭동이 일어날 때마다 유대인들을 죽이고 채무 증서를 불태우곤 했다. 하지만 유대교에서는 개인적이지 않은 채무도 인정했고, 채권을 양도하는 것도 가능했다. 따라서 채권, 채무 관계에 융통성이 생겨서 더 많은 부의 축적이 가능했다.

셋째, 국제적 자본주의가 탄생하려면 국제협약을 준수하고, 자유무역을 보호하며, 국가 간의 화폐교환을 허용하고, 해외 투자를 허용하며, 재산의 박탈을 방지하는 등의 요건들이 필요한데, 유대인들은 자신들의 국제 사업망 안에서 이미 이런 것들을 갖추고 있었다.

유대인들에게는 묵시적인 국제법 규약의 역할을 하는 탈무드가 있었고, 상업 활동과 관련된 모든 일을 재판관처럼 중재했던 랍비들이 있었다. 이런 든든한 후원군이 있었기 때문에 유대인들은 각 나라에서 상업을 주도할 수 있었고, 근대 자본주의를 탄생시킬 수 있었다.

유대상인은 악랄한 고리대금업자였을까? 금융자본주의의 효시가 되었을까?

06 유대인의 경전인 '토라'와 '탈무드'는 어떤 책일까?

유대인은 하나님을 닮는 것이 삶의 목표기 때문에 자신들의 경전인 토라와 탈무드를 배우고 가르치는 것을 평생의 과업으로 삼는다.

유대인이 살아가면서 지켜야할 율법, 토라

토라(Torah)는 히브리어로 '율법'을 뜻하는 말로써 구약성서의 창세기와 출애굽기, 레위기, 민수기, 신명기 등 다섯 편을 의미하며, 보통 '모세오경'이라고도 부른다. 토라에는 글로 쓰여진 토라(성문 토라, Written Torah)와 입으로 전해져 내려오는 토라(구전 토라, Oral Torah)가 있다. 예를 들어 초막절 절기에 대한 율법은 성문 토라에 기록되어 있고, 초막을 짓는 구체적인 방법은 구전 토라에서 설명하고 있다.

토라는 세 가지 의미를 갖고 있다. 첫째, 가장 좁은 의미의 토라는 모세가 저술한 '모세 오경'을 말한다. 둘째, 일반적인 의미의 토라는 모세 오경(율법서)에 선지서(예언서)와 성문서(나머지 11권)를 포함한 '구약 성경' 전체를 가리킨다. 유대인들은 '구약 성경'이라는 용어를 쓰지 않고, '히브리 성경'이라는 용어만 쓴다. 하나님으로부터 선택받은 유대인에게만 하나님이 약속을 했다고 굳게 믿기 때문이다. 셋째, 가장 넓은 의미의 토라는 히브리 성경에 탈무드를 포함한 것을 말하며, 여기에는 성문 토라와 구전 토라가 모두 포함된다.

토라에는 하나님이 세상을 창조한 이야기를 시작으로 이집트를 탈출해 가나안 땅에 이르기까지의 유대인의 역사, 하나님으로부터 받은 십계명을 비롯해 유대인이 살아가면서 지켜야 할 613개의 율법이 자세히 적혀 있다. 율법 중에서 하지 말아야 할 것은 1년의 날 수와 같은 365개고, 해야 할 것은 인간의 뼈와 모든 장기를 포함 한 숫자와 같은 248개다. 토라는 유대 민족이 어떻게 탄생했는지를 알려주는 역사서이자 어떻게 살아가야 할지를 제시하는 율법서다.

토라는 하나님을 닮은 사람이 되기 위해 필요한 '선과 악의 구분 기준'을 제시하는 책이다. 토라를 통해 선악을 구분함으로써 하나님이 누구인지, 하나님의 뜻이 무엇인지 알게 된다. 토라를 공부하려면 '반드시 질문한다', '반드시 두 사람 이상이 함께 연구한다'는 원칙을 지켜야 한다. 토라에서 가장 유명한 구절은 '쉐마(Shema)'로 알려진 신명기 6장 4절에서 9절까지의 말씀이다. 유대인들은 '쉐마'를 하루 세 번 암송할 정도로 매우 중요하게 여기는데, 그 내용은 다음과 같다.

4: 이스라엘아 들어라. 우리 하나님 여호와는 오직 유일한 분이시다. 5: 너는 네 마음과 목숨, 힘을 다해서 하나님 여호와를 사랑해야 하고, 6: 내가 오늘 네게 명령하는 이 말씀들을 마음에 새겨야 한다. 7: 너는 그 말씀들을 네 자녀들에게 부지런히 가르치고, 네가 집에 앉아 있을 때나 길을 걸어갈 때, 누워 있을 때나 일어나 있을 때도 강론해야 한다. 8: 너는 그 말씀들을 손목에 징표로 매고, 성구함(聖句函, Phylactery, Tefillin)에 넣어 두 눈 사이에 두어야 하며, 9: 그 말씀들을 네 집 문설주와 대문에 써 붙여야 한다.

토라에서 던진 질문에 답을 찾는 과정, 탈무드

탈무드(Talmud)는 히브리어로 '연구, 교훈, 교의'라는 뜻을 가진 토라의 주석서로써 토라와 관련된 질문들에 대한 답을 찾아가는 과정을 기록한 '토라의 참고서'같은 책이다. 토라는 '가르침', 탈무드는 '배움'이란 의미를 내포하고 있어서 상호 보완 관계이며, 토라가 잘 이해되지 않을 때는 탈무드를 펼쳐 보면 된다. 탈무드는 토라에 담겨있는 절대적인 진리를 어떻게 삶에 적용할 것인지에 대해 친절한 안내를 해준다.

모세 오경을 '성문 토라', 탈무드를 '구전 토라'라고 부르기도 한다. 토라는 신의 권위와 진리, 절대성, 삶의 원리, 전 인류가 공유하는 일반성 등의 특징이 있으며, 탈무드는 인간의 겸손, 질문과 토론, 상대성, 삶의 지혜,

유대인만 공유하는 특수성 등의 특징이 있다.

〈더 탈무드〉의 저자 노먼 솔로몬은 “성경이 태양이라면 탈무드는 그 빛을 반사하는 달이다. 바빌로니언 탈무드는 유대이즘의 고전적 텍스트로, 성경 바로 옆자리를 차지한다.”라고 말했고, 〈탈무드에서 인생을 만나다〉를 쓴 공병호 박사는 “대부분의 동서양 고전들은 생업을 떠나 학문만을 탐구한 학자나 철학자들이 썼기 때문에 관념적이고 추상적인 내용이 많다. 하지만 탈무드는 생업을 하면서 학문을 탐구한 랍비들이 썼기 때문에 실용적인 지혜들로 가득 차 있다.”며 탈무드의 가치를 높게 평가했다.

기원전 587년 ‘바빌론 유수(Babylonian Exile)’로 제사를 지낼 성전이 없어진 유대인들은 종교 활동을 계속하기 위해 회당(synagogue, 시나고그)과 랍비 제도를 만들어 냈다. 제사를 지내는 대신에 회당에서 랍비가 중심이 되어 성문 토라와 구전 토라를 가르치자는 것이었다. 기원전 516년에 성전을 재건해 제사장 중심의 성전 의식을 회복했지만 랍비 중심으로 회당에서 율법을 교육하는 것이 점점 더 강조되었다. 이교도들 속에서 자신들의 민족적 정체성을 지키고, 조국으로 돌아가겠다는 희망을 잃어버리지 않으려면 강한 신앙심이 필요했기 때문이었다. 유대인들은 토라의 해석과 설명, 적용 방법에 대해 토론하면서 신앙 생활의 길잡이를 마련했다. 이 과정에서 탈무드를 위한 원재료들이 하나 둘 축적되기 시작했다.

회당에서 랍비들이 유대인들을 가르치려면 교육 내용이 많이 필요했으므로 구전 토라를 체계적으로 정리해야겠다는 생각이 강해졌다. 구전 토라를 체계화하는 데는 힐렐 학파를 이끌었던 랍비 힐렐과 그의 제자 랍비 요하난 벤자카이, 랍비 이스마엘 벤 엘리샤, 랍비 아키바 등이 큰 역할을 했다. 서기 200년 경에 랍비 예후다 하나시가 구전 토라를 이해하고 기억하기 쉽게 요약 정리해서 '미쉬나(Mishna)'를 만들었는데, 랍비 아키바가 기초를 마련하고, 그의 제자 메이르가 편집을 해 놓은 덕분이었다. 미쉬나는 히브리어로 '가르침의 반복'이라는 뜻이며, 6개의 부(세데르, seder), 63개의 소단위(마세켓, massekhtot)로 구성되어 있다. 6부는 농업과 농사, 절기와 제사, 결혼과 여성, 민법과 형법, 제물과 성전, 순결과 부정(不淨)을 다루고 있다. 미쉬나는 랍비가 제자들에게 반복해서 암기하라고 권하는 짧은 교훈들이 압축되어 담겨있다.

그 후 약 300년 동안 랍비들은 미쉬나에 대해 질문하고 토론한 내용을 주석으로 달아 '게마라(Gemara)'를 만들었다. 게마라는 '가르침의 완성'이라는 뜻이며, 미쉬나에 대해 질문하고 토론한 내용을 랍비들이 설명하는 부분이다. 서기 450년~600년 경 미쉬나와 게마라를 합쳐서 완성된 것이 탈무드다. 탈무드는 미쉬나를 본문으로 하는 두 가지 버전이 있는데, '예루살렘 탈무드(팔레스타인 탈무드)'는 서기 450년 경 예루살렘에 있는 토라 학교에서 만들어진 게마라를 합친 것이고, '바빌론 탈무드'는 서기 600년 경 바빌론에 있는 토라 학교에서 만들어진 게마라를 합친 것이다. 오늘날의 탈무드는 대부분 '바빌론 탈무드'를 의미한다.

탈무드를 이루는 2가지, 할라카와 하가다

탈무드는 두 부분으로 나누어지는데, 토라에 대해 설명하는 '할라카(Halakhah)'가 전체의 3분의 2 정도 되고, 조상들의 지혜가 담겨있는 '하가다(Haggadah)'가 나머지 3분의 1 정도 된다. 히브리어로 할라카는 '걷는 방법', 하가다는 '이야기(설화)'라는 의미다. 우리가 일반적으로 알고 있는 1권짜리 이야기식 탈무드는 하가다를 편집한 것인데, 1975년 태종 출판사에서 6권 시리즈로 출간한 랍비 마빈 토카이어의 책을 1권으로 요약한 것이 대부분이다.

할라카에는 유대인의 제사와 예술, 식사, 대화, 대인관계 등에 관한 내용이 담겨 있고, 하가다에는 역사와 철학, 시, 속담, 신학, 과학, 수학, 의학, 천문학, 심리학 등이 담겨 있다. 탈무드 전문가 변순복 교수는 〈탈무드란 무엇인가?〉에서 '할라카와 하가다의 차이'에 대해 "할라카는 성문 토라에 대한 주석과 설명이 토론을 통해 법령으로 구성된 법령집을 말하며, 하가다는 전설이나 무용담, 시가 등에 대한 설명집을 의미한다."라고 한 유대인 학자의 말을 빌어 설명한다.

히브리어 탈무드는 20권으로 구성되어 있고, 쇼텐스타인 바빌로니언 탈무드 영어 번역본은 73권(63편)으로 구성되어 있다. 탈무드는 미쉬나의 구조를 그대로 따라 6부, 63제, 525장, 4,187절로 되어 있다. 탈무드는 12,000페이지에 250만 개의 단어가 실려 있으며, 무게가 75Kg이나 나갈 정도로 엄청난 분량의 책이다. 1부의 목차 예시는 다음과 같다.

1부 : 즈라임(ZERAIM / SEEDS / 씨앗-농사)

(1) 베라호트 / Berakho / Blessing / 축복 : 기도와 축복에 대한 규정

(2) 페아 / Peah / Corner / 경작지의 모퉁이 : 가난한 이들을 위해 경작지의 한 모퉁이에 곡식을 남겨두는 것에 대한 규정

(3) 드마이 / Demai / Doubtful Produce / 의심스러운 생산물 : 십일조를 냈는지가 확실치 않은 생산물에 대한 규정

한편 유대인은 종교적인 이유로 남자와 여자의 역할을 엄격하게 구분하고 있어서 중학교부터는 남녀가 따로 학교에 다닌다. 여자는 가사와 양육을 주로 담당하기 때문에 탈무드의 미쉬나를 배우고, 남자는 사회활동을 주로 담당하기 때문에 탈무드의 미쉬나와 게마라를 함께 배운다. 종교학교인 예시바에 남자들만 있는 이유는 그곳에서 주로 남자들이 탈무드의 게마라로 하브루타를 하기 때문이다.

유대인의 정신문화를 대표하는 책

탈무드는 유대교의 율법과 윤리, 종교와 의식, 사상과 철학, 문학과 역사, 과학과 의학, 정치와 경제, 사회와 문화 등 생활 전반에 걸친 내용이 집대성 되어 있어서 유대인의 정신문화를 상징하는 책이라고 할 수 있다. 탈무드는 짝으로 이루어진 '폴리오(folio)'라는 형태의 페이지로 구성되어 있

는데, 첫 번째 폴리오와 마지막 폴리오는 비어있다. 탈무드는 평생 반복해서 읽고 탐구하는 책이지 처음과 끝이 있는 책이 아니라는 의미다.

탈무드는 유대인 5천 년의 역사가 고스란히 담겨있는 삶의 지혜서이자 인생의 교과서로써 현재진행형이기 때문에 앞으로도 유대인들에게 영원히 지혜의 등불로 남게 될 것이다.

유대인이라면 반드시 토라와 탈무드를 읽어야 한다. 우리도 그와 같이 반드시 읽어야 할 고전이 있다면 무엇이라 생각하는가?

07 왜 회당(시나고그)을 유대인 생활의 중심이라고 부를까?

바빌론 유수로 예루살렘 성전이 파괴되면서 유대인들은 성전보다는 생활 속에서 율법을 실천하는 것을 더 중요하게 생각하게 되었다. 이런 과정에서 탄생한 것이 유대교 역사상 가장 혁명적인 제도인 회당(synagogue, 시나고그)이었다. 바빌론 유수를 계기로 유대교는 성전과 제사장 중심의 종교에서 회당과 랍비 중심의 종교로 대전환을 하게 되었다.

시나고그는 모임을 뜻하는 고대 그리스어 시나고게(synagoge)에서 유래된 말이다. 시나고그의 겉모습은 각 나라의 문화에 따라 다르다. 전통식 시나고그는 출애굽 당시 사막을 헤매던 유대인들의 이동 신전을 본 따서 만들었으나 1800년 경 독일에서 보수적인 정통파 유대교에 대항해 진보적인 개혁파 유대교가 부상하면서 각 나라의 문화를 반영한 형태가 되었다.

오늘날의 시나고그는 두 종류로 나누어지는데, '모임의 집'은 종교 의식을 위해 사용되고, '면학의 집'은 종교 의식 뿐만 아니라 공부를 위해 사용된다. '모임의 집'은 그 지역에서 가장 높이 솟아 있으며, 건물 안에서 잠을 자거나 음식을 먹을 수 없다. '면학의 집'은 많은 책들이 비치되어 있고, 단체학습을 할 수 있는 공간이 마련되어 있다. 세계에서 가장 유명한 시나고그는 1270년에 체코 프라하 요세포프에 고딕 양식으로 세워진 '신구 시나고그(Staronova Sinagoga)'다.

회당에서 주도적인 성직자 없이 랍비 중심으로

유대인들은 회당에서 성직자 없이 랍비를 중심으로 신자들끼리 모여서 율법을 낭독하거나 기도를 하면서 예배를 드렸다. 이로써 모든 신자는 신 앞에 평등하다는 믿음이 생겼고, 어떤 신자든 성직자처럼 설교를 할 수 있었다. 바빌론 유수 이후 회당은 유대인 생활의 중심으로 자리 잡았다. 회당에 모여 예배도 드리고, 공부도 하며, 공동체의 크고 작은 일도 논의했다. 회당에서 공동체의 종교와 교육, 정치가 모두 이루어졌던 것이었다.

회당에는 종교를 직업으로 하는 성직자가 없고, 다른 직업을 갖고 있으면서 학식이 풍부해 리더 역할을 하는 랍비가 있을 뿐이다. 랍비는 지역사회의 지도자이자 다툼이 생겼을 때는 재판관, 고민이 있을 때는 인생 상담가가 되어주었다. 가톨릭이나 개신교에서는 신부나 목사같은 성직자가 종교를 지킨다고 생각하지만 유대교에서는 성직자가 없어서 모든 신자가 종교를 지켜야 할 책임과 의무가 있다고 본다. 다른 종교와는 달리 랍비가 신도들 보다 높은 곳에서 설교를 하거나 예배를 주도하지 않는다는 점이 유대교의 가장 큰 특징이다.

성직자가 아닌 모든 사람들이 성경을 공부

유대교에서는 모든 신자들이 종교를 지켜야 할 책임이 있기 때문에 열세 살에 성인식을 치르고 나면 누구나 성경을 의무적으로 공부해야 한다. 가톨릭이나 개신교에서는 성경을 읽고 해석하는 일은 신부나 목사같은 성직자의 몫이고, 신자들은 성직자들이 해석한 성경 내용을 수동적으로 받아들이기만 하면 된다. 하지만 유대교에서는 성직자가 없어서 신자들이 스스로 성경을 해석해야만 한다. 주로 신자들을 가르치는 역할을 맡는 성직자와는 달리 랍비는 신자들보다 조금 더 많이 공부한 사람으로써 신자들의 공부를 옆에서 가만히 도울 뿐이다.

유대교에서는 기도하는 것만큼이나 공부가 중요하다고 여긴다. 하나님과 협력해 세상을 유지하는 사업에 동참하려면 먼저 섭리를 이해해야 함으로써 공부는 기도 못지않게 하나님을 찬미하는 일이다. 배움은 하나님에게 가까이 다가가는 일이기 때문에 유대인에게는 교육이 곧 종교다. 유대교에서는 토라와 탈무드를 배우는 것을 하나님을 믿는 신앙과 똑같이 생각하는데, 회당은 토라와 탈무드를 공부하는 중요한 공간의 기능을 한다. 탈무드에는 '하나님은 1천 개의 재물보다 한 시간의 배움을 기뻐하신다.'는 말이 있다. 정통파 유대인의 경우 율법은 하나님과의 약속이기 때문에 철저히 따라야 하며, 율법을 따르지 않으면 죽거나 저주받거나 처벌(석형, 돌로 쳐죽임)을 받는다고 생각한다. 즉, 율법 준수가 종교적인 차원이 아니라 생사가 걸린 문제기 때문에 알기 위해 필사적으로 공부하는 것이다.

역사적으로 기독교에서는 일반 신자들은 오랜 시간 동안 대부분 문맹이었고, 성직자들만 글을 읽을 수 있었다. 그래서 기독교에서는 신자들이 성경을 잘 이해할 수 있도록 돕기 위해 성화(聖畵)가 발달했다. 중세 가톨릭교에서는 신자들이 성경 내용을 오해하는 것을 우려해서 약 5백년 동안이나 일반 신도들이 성경을 읽지 못하게 법으로 금지했다. 기독교는 글을 읽을 줄 아는 신자들이 거의 없었고, 유대교는 어릴 때부터 글을 읽기 시작해서 글자를 모르는 사람이 거의 없었다. 이렇게 천 년이 넘게 축적된 유대인들의 교육의 힘은 엄청난 에너지가 되어 저력의 기반으로 작용했다.

부모수업 Q&A

가톨릭이나 개신교는 성경을 읽고 해석하는 신부나 목사 같은 성직자가 있어 신자들은 성직자가 해석한 성경 내용을 수동적으로 받아들이기만 하면 된다. 이에 반해 유대교는 개신교와 달리 성직자가 없이 신자들이 스스로 성경을 공부해야 한다. 이와 같은 차이는 어떤 결과를 가져오게 될까?

08 유대인들은 왜 예수를 십자가에 못 박혀 죽게 했을까?

기원전 7년경부터 서기 36년경까지 살았던 예수(Jesus, Yeshua)는 유대교와 기독교, 이슬람교 등에서 중요하게 다뤄지는 인물이다. 특히 기독교에서는 사도신앙 고백에 따라 하나님을 성부와 성자, 성령이 삼위일체 된 존재로 보는데, 예수는 하나님의 성령을 받아 동정녀 마리아에게 잉태되어 태어난 완전한 사람으로 여긴다. 예수를 '예수 그리스도'라고도 부르는데, 그리스도는 메시아를 뜻하는 그리스어 '크리스토스(Christos)'에서 유래한 말이다. 기독교에서는 예수를 메시아(구세주)로 여기고, 이슬람교에서는 무함마드에 앞선 예언자 중의 한 사람으로 여기며, 유대교에서는 예언자나 랍비 중의 한 사람으로 여긴다.

유대인들의 재판에서 예수의 십자가형 선고

나사렛에서 태어난 예수는 어느 정도 성장하여 출가를 한 후에 세례자 요한에게 세례를 받았고, 이후 복음을 위한 길을 나섰다. 예수는 가나의 혼인잔치에서 물로 포도주를 만들었고, 물고기가 없는 바다에서 그물 가득 물고기가 잡히게 만들었으며, 중풍에 걸린 환자를 일으켜 세웠고, 빈 바구니에 생선과 빵을 가득 채우게 만들었으며, 죽어서 동굴에 묻혀있던 사람을 다시 살리는 등 수많은 기적으로 자신이 메시아임을 증명했다.

유월절을 맞아 예수가 예루살렘에 입성하자 민중들은 '메시아'라고 외치며 환대했다. 하지만 유대교의 제사장들은 자신들에 대해 비판적인 예수를 위험한 인물로 보고 가리옷 사람 유다와 결탁해 예수를 체포했다. 공식적인 예수의 죄는 하나님만 할 수 있는 '죄를 사하는 일'을 한 신성모독죄와 성전을 무너뜨리겠다고 말한 협박죄였다. 하지만 간음한 여자를 앞에 두고 '죄 없는 자만 돌로 쳐라'고 말하는 등 기존의 율법과 전통을 조롱하고 모욕한 죄, 신앙과 공동체를 파괴한 죄도 컸다.

예수는 유대인들의 자치기구인 산헤드린 의회에서의 재판을 거쳐 로마 제국의 유대 지방 총독이었던 본디오 빌라도의 재판을 받게 되었다. 빌라도가 유월절을 맞아 가이사의 선의로 죄수 한 명을 풀어준다고 하자, 재판장에 모인 유대인들은 이스라엘의 왕이라 자처하는 설교자 예수가 아니라 살인죄를 범한 선동가 바라바를 선택했다. 예수를 벌하라는 유대인들과 제사장들의 압력에 영향을 받은 빌라도는 자신의 지위도 지켜야 했기에 예수에게 십자가형을 선고해 죽게 만들었다.

예수의 복음이 유대교 사상과 충돌

예수가 예루살렘에서 복음을 전파하기 시작하자 기존의 유대교 사상과 충돌되는 점이 많았다. 당시의 유대인들은 하나님의 축복이 유대인에게만 해당된다고 생각했고, 병들거나 가난한 사람은 죄를 지어 벌을 받았기 때문이라고 믿었다. 하지만 예수는 모든 사람이 하나님의 자녀이고, 하나님의 사랑은 무한하기 때문에 유대인이든 환자든, 빈자든 누구나 구원받을 수 있다고 가르쳤다. 그리고 착한 사람은 상을 받고 악한 사람은 벌을 받는다는 '상선벌악(賞善罰惡)'의 교리도 뒤집어서 죄를 지은 사람도 진심으로 하나님 앞에 회개하면 구원을 받을 수 있다고 말했다. 하나님은 죄인을 긍휼히 여기시고, 정의보다는 은총을 먼저 생각하시기 때문이라는 것이 이유였다.

랍비 예수는 유대인의 배타적인 선민사상과 형식적인 율법주의를 비판하며 하나님이 우리를 사랑하듯이 이웃도 똑같이 사랑해야 된다고 강조했다. 즉, 유대인의 정해진 율법을 초월하는 '사랑과 믿음, 소망'을 전파했던 것이다. 예수는 율법을 그대로 지키면서 하나님과 이웃을 등지는 것보다 무한한 사랑으로 하나님과 이웃에게 가까이 다가서야 한다고 말했다. 예수는 율법과 할례 없이도 하나님을 향한 믿음만으로 구원을 받을 수 있다고 가르쳤다. 하나님으로부터 선택받았다는 것을 확인해주는 율법과 할례는 유대인들에게 종교를 넘어 정체성이자 생명과도 같은 것이었다. 그런데 예수가 유대인과 이방인 사이의 벽을 허물고 누구나 하나님의 백성이 될 수 있다는 복음을 전파하자 유대인들은 받아들이기 어려웠던 것이다.

예수는 토라에 대한 복종이 아니라 하나님의 말씀에 대한 믿음이 하나님의 응답을 부른다고 말했다. 유대인들은 토라의 율법을 철저히 지켜야만 다가올 최후의 심판 때 구원을 받을 수 있다고 생각한 반면에 예수는 하나님에 대한 믿음만으로 충분히 구원이 가능하다고 설파했다. 유대인들은 토라를 부정하고, 선택받지 않은 이방인들과 하나님을 함께 모셔야 한다고 말하는 예수를 인정할 수 없었다. 예수를 추종하던 사람들은 '메시아'라고 불렀지만 많은 유대인들은 유대교의 전통을 무시하며 유대인들을 분열과 혼란에 빠뜨린 예수를 메시아로 인정할 수 없었다. 결국 유대인들은 자신들의 율법과 관습을 지키고, 신앙공동체의 정체성을 수호하기 위해 예수를 배척하고 박해하며 십자가로 내몰고 말았다.

종교적인 이념이 다르다는 이유로 박해하거나 죽이는 것에 대해서 어떻게 생각하는가?

하브루타를 위한 예수 그리스도 관련 추천 영화 리스트

1. 선 오브 갓(Son of God, 2014) : 12세 이상, 드라마, 미국, 138분

- 크리스토퍼 스펜서 감독, 디오고 모르가도 주연
- 영화 소개 : 전 세계인의 사랑을 받아온 베스트셀러 '성경'을 영화로 만든 작품이다. 노아의 방주, 모세의 기적, 오병이어의 기적, 예수의 탄생, 예수의 부활 등 성경 속 이야기를 누구나 쉽게 이해할 수 있도록 재미있고 흥미진진하게 그렸다. 성경과 예수의 삶에 대해 알고 싶은 사람들에게 특별한 경험이 될 것이다.

- 네이버 영화 정보 : https://movie.naver.com/movie/bi/mi/basic.nhn?code=118364#

2. 패션 오브 크라이스트 (The Passion Of The Christ, 2004) : 15세 이상, 드라마, 미국, 125분

- 멜 깁슨 감독, 제임스 카비젤 주연
- 영화 소개 : 역사상 가장 위대한 인물인 예수 그리스도의 마지막 12시간을 그린 작품이다. 리얼한 스토리, 장엄한 영상, 대담한 연기 등으로 전 세계 언론과 평단으로부터 찬사와 호평을 받았다. 전 세계 역대 종교영화 흥행 1위, 국내 역대 종교영화 관객수 1위를 기록했다. 예수의 삶을 통해 묵직한 울림과 감동을 느끼게 될 것이다.

- 네이버 영화 정보 : https://movie.naver.com/movie/bi/mi/basic.nhn?code=38197

3. 가든 오브 에덴 (The Garden Of Eden, 1998) : 전체 관람가, 드라마, 이탈리아, 98분

- 알레산드로 달라트리 감독, 킴 로지 스튜어트 주연
- 영화 소개 : 예수 그리스도의 어린 시절 성장기를 그린 영화다. 예수는 아버지 요셉의 영향을 받으며 자라다가 18살이 될 무렵 아버지가 죽자 내면의 물음에 대한 답을 구하려고 고향을 떠난다. 여행을 하며 사람들을 통해 폭력과 배신, 모순, 나약함 등을 보게 되면서 하나님의 사랑을 전하겠다는 결심을 하게 된다. 예수 그리스도의 청소년기 삶에 대한 궁금증이 풀릴 것이다.
- 네이버 영화 정보 : https://movie.naver.com/movie/bi/mi/basic.nhn?code=24103

4. 위대한 탄생 (The Nativity Story, 2006) : 전체 관람가, 드라마, 미국, 101분

- 캐서린 하드윅 감독, 케이샤 캐슬 휴즈 주연
- 개요 : 성경에 나오는 예수의 탄생 스토리를 그린 영화다. 예수의 아버지 요셉과 어머니 마리아의 결혼, 대천사 가브리엘이 마리아에게 찾아와 성령으로 잉태될 것임을 알려줌, 미천한 마구간에서 아기예수의 탄생, 동방박사들의 방문 등의 이야기가 자세히 담겨있다. 예수 그리스도의 탄생 비밀에 대한 궁금증을 해결하게 될 것이다.

- 네이버 영화 정보 : https://movie.naver.com/movie/bi/mi/basic.nhn?code=61430

5. 광야의 40일 (Last Days in the Desert, 2015) : 12세 이상, 드라마, 미국, 100분

- 로드리고 가르시아 감독, 이완 맥그리거 주연
- 영화 소개 : 예수 그리스도가 십자가에 못 박히기 전 40일 동안의 금식 수행 이야기를 그린 영화다. 예수는 예루살렘으로 가는 길에서 금식을 하며 사색과 기도의 시간을 보낸다. 그러던 중에 한 소년의 가족을 만나면서 사탄의 유혹과 시험에 들게 된다. 예수 그리스도가 사탄의 시험을 어떻게 이겨내게 되었는지 이해하게 될 것이다.

- 네이버 영화 정보 : https://movie.naver.com/movie/bi/mi/basic.nhn?code=121938

6. 유다 (Iuda, Judas, 2013) : 12세 이상, 드라마, 러시아, 112분

- 안드레이 보가티레프 감독, 안드레이 바릴로 주연
- 영화 소개 : 예수 그리스도의 12 제자 중 마지막으로 합류한 유다의 이야기를 다룬 작품이다. 유다는 자신의 신념과 예수의 가르침 사이에서 갈등하다가 예수를 배신하게 된다. 성경의 내용을 유다의 시점으로 재해석 해서 큰 화제를 불러 일으켰다. 왜 유다가 예수를 배신하게 되었는지 궁금증이 해결될 수 있을 것이다.
- 네이버 영화 정보 : https://movie.naver.com/movie/bi/mi/basic.nhn?code=110300

7. 막달라 마리아 (Mary Magdalene, 2018) : 12세 이상, 드라마, 영국, 120분

- 가스 데이비스 감독, 루니 마라 주연
- 영화 소개 : 예수 그리스도의 12 제자 중 유일한 여사도 막달라 마리아의 이야기를 다룬 작품이다. 막달라 마리아는 정혼을 거부했다는 이유로 가족들에게 외면당하며 살다가 예수에게 세례를 받은 뒤 제자들과 함께 여정에 동참하게 된다. 예수와 가장 가까이에서 소통하며 부활을 처음으로 체험한 막달라 마리아를 통해 진정한 구원의 의미를 이해하게 될 것이다.

- 네이버 영화 정보 : https://movie.naver.com/movie/bi/mi/basic.nhn?code=150658

8. 더 바디 (The Body, 2001) : 15세 이상, 미스터리, 미국/이스라엘, 108분

- 조나스 맥코드 감독, 안토니오 반데라스 주연
- 영화 소개 : 고고학자가 무덤 발굴 중에 예수로 추정되는 시신을 발견하면서 생기는 갈등을 그린 작품이다. 예루살렘의 한 무덤에서 발굴된 시체는 십자가에 못 박힌 흔적과 본디오 빌라도 시대의 금화와 항아리를 통해 예수로 추정된다. 현장 조사를 담당한 고고학자와 신부는 유대교와 카톨릭의 종교적 갈등, 이스라엘과 팔레스타인의 정치적 갈등 등에 휩싸이게 된다. 예수의 존재가 세계의 종교와 정치에 어떤 영향을 미치고 있는지 이해하게 될 것이다.

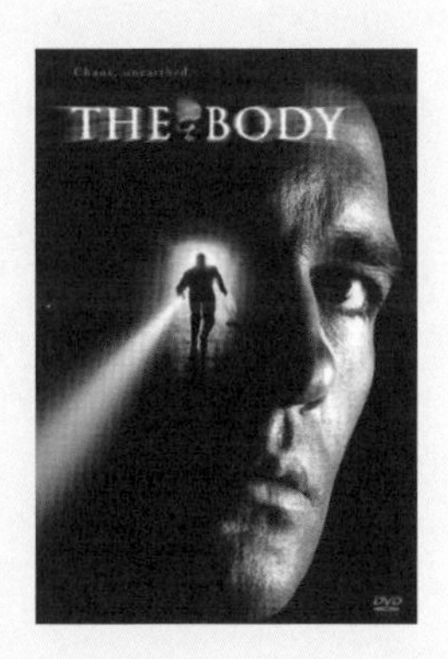

- 네이버 영화 정보 : https://movie.naver.com/movie/bi/mi/basic.nhn?code=31198

9. 지저스러브스미 (Jesus Loves Me, 2012) : 15세 이상, 코미디, 독일, 100분

- 플로리안 데이비드 핏츠 감독, 제시카 슈바르츠 주연
- 영화 소개 : 지구의 종말로 인한 인류의 멸망을 지켜보기 위해 재림한 예수의 이야기를 재미있게 그린 작품이다. 인간 세상에 내려온 예수는 마리라는 여인을 통해 인류에게 남은 사랑과 희망을 발견하게 된다. 예수 그리스도가 이 세상에 온다면 어떤 일이 생길지 유쾌한 상상을 하게 될 것이다.
- 네이버 영화 정보 : https://movie.naver.com/movie/bi/mi/basic.nhn?code=131461

10. 예수는 역사다 (The Case for Christ, 2017) : 전체 관람가, 드라마, 미국, 113분

- 존 건 감독, 마이크 보겔 주연
- 영화 소개 : 신을 믿지 않던 한 기자가 신의 부재를 증명하기 위해 예수 그리스도의 죽음에 대한 역사를 파헤치면서 신을 믿게 된다는 이야기를 담은 작품이다. 실화를 바탕으로 쓰여진 베스트셀러 소설을 원작으로 만든 작품으로써 종교를 뛰어넘는 관심을 불러 일으켰다. 예수의 존재에 대한 믿음으로 종교적 확신을 갖게 될 것이다.

- 네이버 영화 정보 : https://movie.naver.com/movie/bi/mi/basic.nhn?code=158910

09 히틀러는 왜 600만 명의 유대인을 죽였을까?

'홀로코스트(Holocaust)'란 독일 나치 정권의 수장 히틀러가 중심이 되어 제2차 세계 대전 중에 12년(1933~1945) 동안 자행한 유대인 대학살을 의미한다. 홀로코스트는 나치당(NSDAP, 국가사회주의 독일노동자당)의 극우 민족주의가 민중의 지지를 얻기 위해 모든 국가 권력을 총동원하여 저지른 인류 최대의 치욕스러운 범죄 행위였다.

히틀러는 우생학을 바탕으로 인종주의 이론을 내세워 우수한 게르만 민족의 순수성을 보존하려면 열등한 유대인과 피가 섞여서는 안 된다고 주장했다. 그리고 정치적인 논리를 교묘하게 조작해서 반유대주의가 팽배하던 대중의 정서를 왜곡시킨 후에 유대인과 집시, 러시아인 등 약 천만 명 이상을 죽였다. 그 중에 600만 명이 유대인들이었다.

히틀러의 유대인 박해 5단계

히틀러는 세계사를 '약육강식과 적자생존의 원칙'이 지배하는 인종들 간의 끊임없는 투쟁으로 인식했다. 그리고 국제적 금융자본주의와 사회주의를 이끌고 있는 유대인들이 게르만 민족의 생존을 위협하며 유럽을 불안정하게 만들고 있다고 봤다. 히틀러는 1933년 1월에 나치당의 대표로 독일의 총리가 되자마자 유대인 박해를 시작했다.

1단계는 유대인을 폭행하거나 유대 상점 불매 운동, 유대 상점 약탈 등의 현상으로 나타났다. 2단계는 1935년 베르사이유 조약의 파기와 재무장을 선언한 후 제정한 뉘른베르크법에 따라 독일인과 유대인을 철저하게 분리시키는 것이었다. 뉘른베르크법에 따라 독일인과 유대인의 결혼을 금지하고, 외국에서의 결혼도 무효로 하며, 독일인과 성관계를 한 유대인은 강제수용소로 보내고, 성관계를 맺은 독일인도 3개월 동안 정신교육을 받도록 했다. 유대인의 피를 물려받은 사람은 공민권이 박탈되었기 때문에 국립학교에 입학할 수 없었고, 직장에서도 쫓겨났으며, 사업체도 빼앗기거나 파산당했고, 의사나 검사의 자격도 박탈당했다. 심지어는 유대인과 손을 잡거나 키스를 해도 처벌받았다.

3단계는 격리와 추방 정책을 바탕으로 유대인을 대규모로 체포해서 강제 수용소로 보내는 것이었다. 1938년 독일과 오스트리아가 합병된 후 유대인들은 공식 문서의 성과 이름 사이에 남자는 '이스라엘', 여자는 '사라'를 명시해야 했다. 얼마 뒤 모든 독일 유대인의 신분증이 회수되자 불길한 징조를 예감한 유대인들이 폴란드로 피난을 가기 시작했다. 하지만 폴란드가 국경을 개방하지 않아서 15,000명의 유대인들은 국경에서 노숙을 하며 굶주림과 추위를 견뎌야 했다. 같은 해 11월에 한 젊은 유대인이 파리 주재 독일 대사관의 참사관을 살해하는 사건이 발생했다. 히틀러는 즉시 이 사건을 세계 유대주의의 음모라고 선전했다. 11월 9일 나치 당원들이 앞장서고 독일 시민들도 합세한 폭도들이 횃불과 벽돌, 몽둥이를 손에 쥐고 유대인 사냥을 시작했다. 단 하루만에 수 백 개의 유대교회당이 파괴되었고, 수 천 개의 유대인 상점이 불탔으며, 100명 가까운 유대인이 살해되었고, 2만 명 이상이 체포되어 강제수용소로 끌려갔다. 홀로코스트의 서막이 시작된 것이었다.

4단계는 1939년 9월 2차 세계대전이 터진 이후 유대인들을 대규모로 게토에 수용시킨 것이었다. 독일의 폴란드 침공으로 전쟁이 시작되자 유럽 전체가 혼란에 빠졌다. 유대인은 시민권을 박탈당해 학교와 회사, 공공기관 등 어디에도 갈 수 없었다. 1939년까지만 해도 독일 정부는 일정 금액만 내면 유대인이 독일을 떠나는 것을 허락했다. 한 해 동안 독일에 살던 50만 명의 유대인 중에 30만 명이 독일을 떠났다. 남은 유대인들은 폴란드에 마련된 도시 안의 유대인 강제 격리구역인 '게토(Ghetto)'에서만 살아야 했다. 유대인들은 가슴에 노란색 바탕에 'Jude(유대인)'라고 검은 글씨로 새겨진 다윗의 별을 달고 다녀야 했다. 게토에서 생활하던 300만 명의 유대인들은 식량배급이 끊겨서 굶주림의 고통을 겪어야 했고, 과도한 노동에 시달리다 병들어 죽어가기 시작했다.

5단계는 1941년 독일이 러시아를 침공한 후에 강제수용소의 목적을 구금에서 살인으로 바꾼 것이었다. 히틀러는 전쟁에 대한 국민들의 절대적인 지지를 얻고, 민족의 단합을 위해 유대인을 희생양으로 삼았다. 히틀러는 게르만 민족의 순수성과 우수한 혈통을 지키기 위해 독일과 러시아의 유대인을 소탕해야 한다며 '인종 청소'를 감행했다.

히틀러는 러시아에 살던 500만 명의 유대인 중에서 100만 명 정도를 닥치는 대로 학살한 후에 커다란 구덩이에 파묻었다. 유대인을 학살하기 위해 건립한 폴란드 아우슈비츠의 강제수용소에는 5개의 가스실이 있었고, 가스실 하나 당 하루에 12,000명의 유대인을 수용할 수 있어서 하루 평균 6만 명의 유대인들이 죽임을 당했다. 아우슈비츠에서만 약 200만 명의 유대인들이 학살당했으며, 나치의 통제 아래 있던 900만 명의 유대인 중에 약 600만 명이 죽었다. 당시 유럽 전체에 거주하던 유대인이 1,100만 명 정도였으니 절반이 넘는 유대인이 희생당한 것이었다.

비극의 실체, 그리고 가톨릭 교회의 침묵

폴란드가 300만 명으로 희생자가 가장 많았고, 러시아가 120만 명으로 다음이었으며, 루마니아 35만 명, 헝가리 30만 명, 체코 27만 명, 독일 18만 명, 리투아니아 13만 명, 네덜란드 10만 명, 프랑스 9만 명, 유고와 오스트리아, 그리스 등은 6만 명 정도였다. 히틀러는 유대인과 공산주의자, 슬라브족을 3대 적으로 규정하고 인종 청소의 주요 대상으로 삼았다.

3대 적뿐만 아니라 비유대인과 집시, 노약자도 인종 청소의 대상이 되었다. 히틀러는 광적인 잔혹성으로 600만 명의 유대인을 포함해 유럽에서 천 만 명 이상의 무고한 사람들을 학살했다.

그렇다면 유대인들은 왜 아우슈비츠 수용소에서 처참하게 죽어갔을까?

첫째 나치의 교묘한 거짓말과 정교한 속임수에 속았기 때문이었다. 나치는 수용소로 이송되는 유대인들에게 공장으로 간다고 말했고, 기차표를 파는 가짜 역까지 만들었다. 가스실을 샤워실로 위장하기 위해 문짝에 적십자 마크를 붙여놓았고, 입구에서 비누와 수건을 나눠줬으며, 가스실로 가기 전에 죄수들로 구성된 오케스트라 단원들에게 음악 연주를 시키기도 했다. 수용소의 유대인들에게는 숲과 호수가 그려진 엽서를 나눠주고 건강하게 잘 지내고 있다는 편지를 쓰도록 했다.

둘째, 게토의 유대인들이 수용소의 실체를 믿지 않았기 때문이었다. 1942년에 유대인 청년 두 명이 수용소를 탈출해 그곳에서 본 것을 얘기하자 너무 고생해서 헛소리를 하고 있다고 생각했다. 얼마 후 다른 수용소의 실상이 전해지자 그제야 유대인을 절멸시키려는 음모가 있다는 것을 이해할 수 있었다.

셋째, 가톨릭 교회와 교황을 포함한 유럽 사회 전체가 눈앞에서 벌어지는 비극에 침묵했기 때문이었다. 독일이 이탈리아 로마를 점령하는 동안에 약 2천 명의 유대인들을 수용소로 실어갔지만 교황은 특별한 반응을 보이지 않았다. 교황은 겨우 500명 정도의 유대인을 바티칸에 피신시키는 상당히 소극적인 태도를 보였다. 폴란드의 유대인 랍비 바이스만델이 로마 교황청에 무고한 어린 유대인들만이라도 살려달라는 편지를 보냈을 때 교황청의 답장은 소름 끼칠 정도로 매몰찼다.

"이 세상에 무고한 유대인 어린이의 피는 존재하지 않는다. 모든 유대인의 피는 죄악이다. 당신들은 예수를 십자가에 못 박은 죄 때문에 이런 벌을 받는 것이다. 당신들은 죽어 마땅하다."

반인류적인 홀로코스트라는 비극을 가톨릭교회와 교황은 왜 침묵했을까?

10 홀로코스트가 일어난 원인은 무엇일까?

〈유대인의 역사〉의 저자 폴 존슨은 홀로코스트에 대해 "2,000년에 걸친 기독교도와 성직자들, 평민들, 세속인들, 이방인들의 반유대주의적 증오가 히틀러에 의해 하나의 거대한 괴물로 합쳐져서 유례를 찾아보기 힘든 엄청난 파괴력을 발휘했다."라고 말했다.

홀로코스트는 '번제(燔祭, 신을 위해 짐승을 불태워 제물로 바치는 것)'라는 뜻의 그리스어 'holokauston(홀로카우스톤)'에서 유래된 용어다. 유대인들은 홀로코스트에 대한 반감으로 대재앙(절멸)이라는 뜻의 히브리어 'Shoah(쇼아)'라는 표현을 사용한다. 불과 70년 전에 어떻게 이런 엄청난 반인류적인 참사가 벌어질 수 있었을까? 개인과 사회, 역사 등 세 가지 측면에서 그 원인을 살펴보자.

개인적 측면

히틀러는 자서전 〈나의 투쟁〉에서 어릴 때부터 예술적 재능이 있어서 화가가 꿈이었다고 밝혔다. 1889년에 오스트리아에서 태어난 히틀러는 16세 때 학업을 중단하고 방황하다가 화가가 되기로 결심하고 빈에 있는 미술학교에 지원했다. 하지만 재수까지 했음에도 실패해서 화가의 꿈이 좌절되고 말았다. 히틀러는 화가 나서 심사위원들이 어떤 사람들인지 조사했고, 일곱 명 중에 네 명이 유대인이란 사실을 알게 되었다. 히틀러는 미술학교 교장에게 편지를 보내 자신을 불합격시킨 유대인들에게 반드시 보복할 거라고 협박했다. 히틀러는 유대인 때문에 화가의 꿈이 좌절되었다고 생각했던 것이다.

18세 때 부모님이 돌아가시고 고아가 된 히틀러는 유산과 연금으로 생활하면서 독서에 빠져들었다. 독일 역사와 게르만 신화를 시작으로 독서 분야는 정치, 경제, 사회, 문화, 철학, 과학, 기술 등으로 점점 확장되었다. 히틀러는 주체할 수 없는 야망과 끝없는 지적 호기심으로 열심히 책을 읽었고, 학력에 비해 상당히 높은 수준의 교양을 갖추게 되었다. 그리고 오스트리아와 독일, 유럽의 현실을 자신만의 통찰력으로 읽어낼 수 있었다. 독신자 합숙소에서 생활하며 하층 시민의 열악한 생활을 알게 된 히틀러는 자본주의에 대한 불만이 커져갔다. 그리고 부르주아와 유대인을 혐오하는 독일민족주의자, 반유대주의자로 변해갔다. 히틀러는 징병검사에 불합격되어 군 복무 의무가 없었지만 제1차 세계대전이 일어나자 오스트리아가 아니라 독일 육군에 자원 입대했다.

히틀러는 유대인들이 오스트리아 빈을 중심으로 노예 무역을 주도하고 있던 것에 혐오감을 느꼈다. 노예 무역은 1960년대 초까지 아랍 국가들에 존재했으며, 1962년이 되어서야 법으로 노예 무역이 금지되었다. 히틀러는 열등한 유대인이 우수한 독일인의 혈통을 더럽힐지도 모른다는 두려움도 갖고 있었다. 히틀러는 유대인들이 운영하던 매춘 사업과 당시에는 치료제가 없었던 매독을 연결시켜 유대인들이 성적 접촉에 의한 성병으로 게르만 민족의 혈통을 타락시킨다고 생각했다. 이런 히틀러의 성적, 의학적 견해에 따른 반유대주의는 그의 신봉자들을 광적인 사상가들로 변하게 만들었고, 잔혹하면서도 비합리적인 행위도 서슴지 않고 저지를 수 있게 만들었다. 중세의 반유대주의자들이 유대인을 악마나 불결한 암퇘지로 생각했다면 나치의 광기어린 당원들은 유대인을 세균이나 해충처럼 여겼다.

사회적 측면1 - 유대인의 독일 경제 장악

200년 이상 30여 개의 작은 공국들로 갈라져 있던 독일은 19세기 후반 철혈 재상 비스마르크에 의해 통일되었다. 비스마르크는 해양 강국인 영국에 맞서려면 경제력을 바탕으로 강한 군사력을 갖추어야 한다고 생각했다. 비스마르크는 독일 황제 빌헬름 1세의 통치 아래 20년 동안 총리를 지내며 강력한 보호관세 정책으로 제조업과 자본주의 발전의 기반을 마련했다. 그 사이 러시아와 동유럽에서 핍박받던 유대인들이 독일로 대거 몰려들었다. 유대인들은 제조업과 금융산업, 해상무역업 등에서 발군의 실력을 뽐내며 독일의 발전을 위해 모든 힘을 쏟아부었다.

그로부터 30년이 지나지 않아 함부르크는 뉴욕에 이어 세계 2위의 항구로 급성장했고, 독일은 유럽에서 최강국으로 도약했다. 교육도 세계 최고 수준이어서 성인 문맹률이 제로에 가까웠다. 독일의 대학들은 대부분의 학술 분야에서 세계 최고로 인정받았고, 노벨상 수상자도 다른 나라에 비해 월등히 많았다. 1901년 노벨상이 시작된 후 30년 동안 수상자의 약 30%가 독일에서 배출되었고, 그 중에 3분의 1이 독일 유대인들이었다.

히틀러가 활동하던 20세기 초에 독일에서는 유대인들이 경제를 장악하고 있다는 믿음에 기초한 반유대주의 정서가 강했다. 많은 유대인들이 상업과 무역업, 금융업, 유통업, 조선업, 해운업 등에 종사하며 독일 경제를 주름 잡고 있었다. 유대인들은 연예 산업과 유흥 산업에도 진출해 사회적인 풍기문란의 주범으로 인식되었다. 게다가 틈만 나면 공산주의 혁명을 기도한다는 오해를 받기도 했다.

사회적 측면 2 - 러시아 공산주의에 대한 적대감

1917년 러시아의 붉은 혁명을 주도한 레닌과 트로츠키는 유대인이었고, 무력 폭동으로 혁명을 주도했던 인물 50명 가운데 44명이 유대인이었으며, 혁명 정부의 핵심 관료 545명 중에 80%가 넘는 447명이 유대인이었다. 히틀러는 러시아에서 피난 온 독일인들로부터 공산주의 혁명의 배후에 유대인들이 있었다는 얘기를 듣고는 독일의 공산화를 반드시 막아야 한다는 생각을 했다. 그리고 국내와 해외를 막론하고 유대인들의 뿌리를 뽑기로 작정했다. 훗날 독일이 러시아를 침공한 것도 유대인과 공산주의에 대한 적대감 때문이었다.

독일 공산주의자들도 러시아 혁명 정부의 영향을 받아 물리적인 힘으로 현존 질서를 전복하기 위한 시도를 했다. 그리고 독일 내 유대인들이 그런 일을 주도했다. 청년 히틀러는 유대인들이 주도하는 공산주의 혁명 운동 때문에 독일의 군사적, 정치적 불안이 커지고 있다고 생각했다. 그리고 1차 세계대전 패배의 굴욕을 이기고 게르만 민족의 우수성을 되찾아야 한다는 소명 의식을 갖고 있었다.

한편 당시의 교황 비오 11세도 공산주의 혁명이 기독교를 말살하고, 기독교 사회질서를 전복하며, 기독교에 기반한 서구문명을 파괴하려는 유대인들의 음모라고 생각했다. 교황은 유대인 금융자본가들이나 유대인 주축으로 구성된 비밀결사단체 '프리메이슨'이 공산주의 혁명을 지원하고 있다고 믿었다. 히틀러와 교황뿐만 아니라 대부분의 유럽인들이 비슷한 생각을 갖고 있었다.

사회적 측면 3 - 1차 세계대전의 패배, 히틀러의 부상

1918년 말에 독일 국민들은 엄청난 시련에 직면해 있었다. 황제의 퇴

위와 새로운 정권의 등장, 공산주의 혁명으로부터의 위협, 1차 세계대전의 패배로 인한 상실감, 10만 명 이상 사망한 독감의 유행 등이 악재로 작용했다. 특히 치욕적인 베르사이유 조약으로 인한 320달러에 달하는 과도한 전쟁 배상금이 가장 큰 골칫거리였다. 조약에 따르면 배상금에 매년 5억 달러의 이자가 붙기 때문에 70년 동안 매년 17억 마르크씩 지불해야 돼서 당시의 경제 사정으로는 도저히 감당이 되지 않았다. 영국 대표단의 일원으로 베르사이유 조약 체결을 위한 회담에 참여한 경제학자 케인즈는 터무니 없이 많은 전쟁 배상금의 부당성을 주장하며 독일이 배상금 스트레스를 견디지 못하고 조만간 복수에 나설 것이라고 우려를 표명했다. 결국 2차 세계대전이 일어나 케인즈의 우려는 현실이 되었다.

1918년 11월에 독일 혁명으로 사회민주당의 에베르트가 새로운 총리로 취임했다. 그리고 얼마 뒤 독일 대표는 1차 세계대전 휴전협정에 서명했다. 그 당시 히틀러는 군대에서 공산주의자를 색출하는 임무를 수행하다가 1919년 사병에게 국방사상을 교육시킬 교관을 양성하는 과정에 참여했다. 거기에서 히틀러는 보수파 학자들과 정치가들로부터 토론과 연설 훈련을 받았다. 이 시기에 히틀러는 엄청난 지적 성취를 이루게 되었고, 자신의 연설 재능도 인정받았다.

히틀러는 1919년 9월에 뮌헨에서 열린 독일노동자당 집회에 참석했다. 독일노동자당은 반유대주의를 바탕으로 사회주의와 애국주의를 결합시킨 정강을 채택한 반혁명정당이었다. 집회 중에 열린 토론회에 참석한 히틀러는 당 간부였던 드렉슬러의 주목을 받았다. 드렉슬러는 히틀러를 앞세워 대중 연설회를 잇따라 개최했고, 히틀러의 뛰어난 언변 덕분에 당의 인지도가 올라가기 시작했다. 1920년에 히틀러는 하러 당의장을 축출하고, 드렉슬러를 당의 대표로 추대했으며, 자신은 당의 선전부장을 맡았다. 조직 개편을 단행한 독일노동자당은 베르사유 조약의 폐기와 독일의 영토 확장을 포함한 25개조의 당 강령을 발표했다. 그 후 독일노동자당은 당명을 국가사회주의 독일노동자당(NSDAP, 나치당)으로 변경했다.

히틀러는 대중 집회의 연설을 통해 유대인 배척과 독일 정부의 부패, 베르사유 조약의 잔혹한 불합리성을 강조하며 증오와 복수를 외쳤다. 히틀러는 전체 독일인의 결집과 독일인의 해방, 중산층 노동자 계급의 경제적 안정, 독일 국민의 강인함에 대한 신뢰, 자유에 대한 희망 등을 힘주어 말하기도 했다. 주제별로 문제점을 정리해 조목조목 따지는 히틀러의 연설에 대중들은 절대적인 지지를 보냈다. 히틀러는 사회주의적 이상을 상징하는 적색과 민족주의 정신을 상징하는 백색을 결합해 게르만 민족의 승리를 형상화시킨 갈고리십자 모양의 당기를 만들었다. 1921년 7월 나치당의 임시 전당 대회에서 히틀러는 드렉슬러를 명예회장으로 추대하고, 자신이 당의 대표가 됨으로써 실권을 장악하며 독재자로 부상했다.

사회적 측면 4 - 독일 내의 유대인에 대한 적대감 폭발

1차 세계대전이 끝나고 10년 뒤인 1929년 10월에 야기된 세계 대공황으로 독일은 초인플레이션과 대량 실업, 서민층의 몰락으로 굶어 죽는 사람이 속출하며 나라가 망할 위기에 처했다. 더 이상 물러설 곳이 없게 된 독일인들은 상대적으로 고통을 덜 받고 있는 유대인들에게 원망의 화살을 돌리기 시작했다. 독일의 인구 중 3%에 불과한 유대인은 독일 경제의 40%를 차지하고 있었다. 수도 베를린의 경우 320만 명의 인구 중에 유대인은 21만 명에 불과했지만 전문직의 50% 이상을 장악하고 있었다. 베를린은 유대인들이 금융권을 꽉 쥐고 있어서 유대인의 도시로 불릴 정도였다. 자신들의 삶은 갈수록 나락으로 떨어지며 비참해지고 있는데, 유대인들은 나라 경제를 지배하며 계속 부를 늘려왔다는 생각으로 가득 찬 독일인들의 분노는 하늘로 치솟았다. 독일인들은 초인플레이션을 일으킨 주범이 유대인 금융자본가들이라고 생각했다. 그리고 유대인들을 돈으로 게르만 처녀를 사는 돼지, 고리대금업자, 부르주아 자본가 등으로 묘사하며 반유대주의를 주창했던 독재자 히틀러를 독일 경제를 위기에서 구출할 적임자로 임명했다.

1933년부터 1938년 사이에 행해진 박탈과 몰수, 대학살로 히틀러는 유대인의 정치적, 경제적 기반을 철저하게 무너뜨렸다. 1935년 미국 연방의회는 나치의 박해를 피해 이주하려는 유대인들이 주축이 된 망명자들의 이민을 허용하는 법안을 통과시켰다. 이 법안 덕분에 1935년부터 1945년 사이에 30만 명의 유대인을 포함한 이민자들이 미국에 정착하게 되었다. 이로 인해 1930년까지 독일의 유대인들이 노벨상의 50%를 차지했지만 1935년 이후 미국의 유대인들이 노벨상 수상을 휩쓸게 되었다.

당시 독일에는 언어 폭력과 신체 폭력이 난무하고 있었다. 신문과 방송 등 언론에서는 자극적인 말들이 쏟아졌고, 거리에서는 사람들끼리 치고 박고 싸우는 일이 많았다. 언론과 거리의 폭력에 쇠뇌당한 독일인들은 유대인들을 러시아의 볼셰비키 혁명파와 한 통속으로 생각했으며, 독일인의 순결을 더럽힐 가능성이 큰 위험요소로 바라봤다.

역사적 측면 1 - 반유대주의

유럽에서의 반유대주의 역사는 상당히 오래 되었다. 공식적으로 기록된 첫 번째 사례는 기원전 5세기에 이집트 사원의 승려들이 나일강에 있던 유대교 사원들을 마구 파괴한 사건이었다. 최초의 반유대주의는 그리스 로마 시대로 거슬러 올라간다. 당시 상업도시에서 경쟁 관계였던 그리스인과 유대인의 갈등이 점점 깊어지고 있었다. 여러 민족으로 구성된 그리스인들은 수많은 신들이 있다고 믿은 반면에 한 민족으로 구성된 유대인들은 신은 하나님 한 분이라고 믿었다. 그리스인들은 자신들의 문화가 부정하다고 말하는 유대인들에게 모욕감을 느꼈고, 이로 인해 반유대주의 정서가 싹텄던 것이다. 유대인들이 몰래 성전에서 사람을 제물로 바치는 제사를 지낸다는 루머는 반유대주의를 더욱 부추겼다. 이 후 유대교를 믿는 유대인들에 대한 박해가 20세기까지 계속되었다.

반유대주의의 가장 큰 원인은 유대인들만의 독특한 종교적 관습과 문화 때문이었다. 하나님만 믿는 유일신 사상, 하나님께 선택받았다는 선민사상, 하나님과 약속한 징표로 삼는 할례 관습, 하나님의 말씀대로 일주일에 하루 휴식하는 안식일 관습, 하나님과의 성스러운 만남을 위한 식사법과 정결법, 다른 민족과의 혼인을 금지하는 반인도주의적 결혼 관습, 그들만의 공간인 게토에 살면서 자신들만의 생활방식을 고집하며 다른 사람들과 어울리지 않는 폐쇄적인 생활 태도 등이 대표적인 예다.

특히 중세에 반유대주의가 강했던 것은 기독교와 유대교의 교리 차이 때문이었다. 유대교는 기독교의 예수 그리스도를 구세주로 인정하지 않고, 그저 예언자 중의 한 명으로 생각한다. 유대교인들은 아직 구세주가 오지 않았고, 자신들만 구원을 받을 수 있다고 여전히 믿고 있다. 기독교는 예수를 하나님과 동일시 하지만 유대교는 예수를 하나님과는 구분되는 인간이라고 생각한다. 유대교인들 중에는 예수가 유대교를 훼손하고 이방인들을 신자로 받아들인 배신자라고 생각하는 사람들도 많다. 기독교인들이 삼위일체의 신으로 모시는 예수를 유대교인들이 십자가에 못박혀 죽게 했다는 사실은 기독교인들의 증오심을 키우기에 충분했다.

지성의 체스로 불리는 종교 논쟁에서도 유대인들은 철저한 논리 때문에 기독교인들의 미움을 받는 일이 많았다. 종교 논쟁은 기독교 진영을 대표하는 신학자와 유대교 진영을 대표하는 랍비가 특정한 주제에 대해 판정관 앞에서 토론을 하는 방식으로 이루어졌다. 종교 논쟁에서 기독교 신학자가 이기면 유대 공동체가 강제로 집단 세례를 받아야 했고, 유대교 랍비가 이기면 기독교 신학자는 사형에 처해졌다. 종교 논쟁이 벌어질 때마다 교황과 황제를 포함한 판정관들은 랍비의 담대함과, 뛰어난 논리적 설득력, 풍부한 학식에 놀랐다. 결국 공정한 판정으로는 랍비를 이길 수 없다는 걸 깨닫고 억지 논쟁을 펴는 경우가 많았다. 중세 최고의 랍비로 추앙받던 나흐마니데스는 1263년 스페인에서 벌어진 종교 논쟁에서 기독교를 모독했다는 이유로 추방당하기도 했다.

역사적 측면 2 - 뛰어난 경제관념으로 그 지역의 생계를 위협

뛰어난 경제관념과 어쩔 수 없이 대부업과 상업에 종사할 수밖에 없었던 환경 때문에 가는 곳마다 그 지역의 경제를 장악했던 것도 시기와 질시의 원인이 되었다. 미국의 마크 트웨인은 반유대주의 정서에 대해 이렇게 말했다.

"프로테스탄트(개신교)가 가톨릭교도들을 박해했지만 그들의 생계를 빼앗지는 않았다. 가톨릭교도 개신교인들을 박해했지만 그들이 농업과 수공업에 종사하는 것을 방해하지 않았다. 유대인이 증오받는 이유는 그들이 불로소득자들이기 때문이다. 돈이 인생의 목표인 유대인들은 전 인류를 적으로 만들었다. 종교적인 이유만으로는 유대인 박해의 역사를 설명할 수 없다."

탁월한 언어능력과 풍부한 지식으로 어디에서든 리더나 전문직으로 자리 잡은 것도 문제였다. 유대인들은 러시아가 근대국가를 만드는 과정에서 국정에 직접 참여해 큰 공을 세웠다. 하지만 일부 유대인들은 성공에 취해 교만에 빠져서 자신들이 국가의 주역이 되었다는 착각으로 슬라브 민족의 자존심을 건드렸다. 국민들의 반유대주의 정서가 확대되는 것을 지켜보던 러시아 왕실은 우호적이던 태도를 바꿔서 유대인들을 박해했다.

마크 트웨인은 러시아에서 발생한 유대인 학대(포그롬, 러시아어로 파괴/학살)에 대해서도 이렇게 언급했다.

"러시아에서 유대인의 자유를 속박하는 법안들이 마련되는 이유는 간단하다. 기독교도 농민은 유대인의 상업적 능력을 도저히 따라갈 수가 없다. 유대인은 수확될 작물을 담보로 돈을 빌려주고, 돈을 돌려받을 때면 추수된 작물로 받았다. 그런데 이자 때문에 작물로는 돈을 다 갚지 못한 농민들이 이듬 해에는 농장을 유대인들에게 넘길 수밖에 없었다. 유대인들은 가는 곳마다 수익률이 높은 사업에 손을 대서 돈을 긁어 모았고, 그 지역의 사람들을 빚쟁이로 만들었다. 결국 경제적으로 궁지에 몰린 국민들의 원성 때문에 영국과 스페인, 오스트리아 등 대부분 국가들의 지도자들은 유대인을 추방할 수밖에 없었다. 유대인들이 상업이든, 전문직이든 손을 대기만 하면 기독교도인들은 생계를 빼앗겼다. 따라서 기독교도인들이 빈곤층으로 떨어지는 것을 막기 위해 유대인들의 경제활동을 법적으로 제약할 수밖에 없었다. 유대인의 역사는 천박한 상업적 탐욕으로 가득 차 있다. 유대인들에 대한 종교적 편견은 그들의 수난에서 차지하는 비중이 10분의 1 밖에 되지 않는다. 10분의 9는 경제적인 이유 때문이다."

미국의 시인이자 문예 비평가였던 에즈라 파운드도 유대인들에게 일

침을 가했다.

"고리대금업으로 다른 사람의 재산을 계속 빼앗아 가면서도 자신들을 선량한 이웃으로 생각해달라는 유대인들의 요구가 말이 되는가? 고리대금업은 이 세상의 암 덩어리와 같은 존재다. 파시즘이라는 외과의사의 칼만이 악성 종양을 도려낼 수 있을 것이다."

이렇듯 반유대주의 정서는 시민들뿐만 아니라 지성인들 사이에서도 팽배해 있었다.

홀로코스트, 반성하는 독일과 기억하려는 유대인들

2차 세계대전이 끝나고 독일은 나치의 민족말살 행위를 중대한 범죄로 인식하고 전범들을 철저히 색출해 법정에 세웠다. 독일은 나치를 전승국이 심판하기보다 독일 법원에서 심판해야 민주주의를 회복할 수 있다고 생각했다. 독일은 두 번 다시 이런 비극이 생기지 않도록 폴란드, 프랑스와 함께 공동 교과서를 집필하고, 철저한 역사 교육으로 나치의 만행을 참회하고 있다. 독일의 지도자들은 기회가 있을 때마다 자신들의 잘못을 사과하며 과거사 청산을 계속하고 있다. 1970년 서독의 빌리 브란트 총리는 폴란드의 바르샤바 게토 앞에서 무릎을 꿇고 나치의 범죄에 대해 진심어린 사죄를 했다.

유대인들은 홀로코스트(쇼아)의 역사를 절대 잊지 않는다. 이스라엘은 독립기념일 전날을 쇼아의 날로 정해서 독립을 기뻐하기 전에 민족의 고난을 잊지 않으려 한다. 예루살렘의 쇼아 추모관에 있는 글귀가 유대인들의 역사 의식을 대변해 주고 있다.

'용서는 하지만 망각은 또 다른 방랑으로 가는 지름길이다.'

홀로코스트는 히틀러 개인의 문제일까? 사회적인 문제일까?

하브루타를 위한 홀로코스트(나치 히틀러) 관련 추천 영화 리스트

1. 인생은 아름다워(Life Is Beautiful, 1997) : 전체 관람가, 코미디, 이탈리아, 116분

- 로베르토 베니니 감독, 니콜레타 브라스키 주연

- 영화 소개 : 로마로 상경한 시골 총각 귀도는 운명의 여인 도라를 만나 결혼해서 아들 조수아를 얻는다. 조수아의 다섯 살 생일날 갑자기 군인들이 들이닥쳐 귀도와 조수아를 수용소행 기차에 실어버리고, 소식을 들은 도라도 기차에 오른다. 집에 돌아가자는 아들을 달래려고 귀도는 수용소 생활을 단체 게임이라 속이고 1천 점을 딴 우승자에게는 진짜 탱크가 주어진다고 말한다. 수용소라는 가혹한 환경에서도 유머와 재치를 잃지 않는 귀도의 모습을 통해 위대한 사랑의 힘을 느끼게 될 것이다.
- 네이버 영화 정보 : https://movie.naver.com/movie/bi/mi/basic.nhn?code=22126

2. 줄무늬 파자마를 입은 소년(The Boy In The Striped Pajamas, 2008) : 12세 이상, 드라마, 영국, 94분

- 마크 허만 감독, 에이사 버터필드 주연

- 영화 소개 : 제2차 세계대전 중 나치 장교의 아들 브루노는 아빠의 전근으로 독일 베를린에서 폴란드로 이사를 가게 된다. 브루노가 농장이라고 생각했던 곳은 유대인들의 홀로코스트가 자행되었던 아우슈비츠 수용소였다. 숲으로 놀러나갔던 브루노는 철조망을 사이에 두고 슈무엘이라는 동갑내기 유대

인 아이와 만나 친구가 되었다. 전쟁과 학살이라는 말조차 알지 못하는 순진한 소년들의 우정을 통해 감동을 느낄 수 있다.

- 네이버 영화 정보 : https://movie.naver.com/movie/bi/mi/basic.nhn?code=51562

3. 라운드 업(The Round Up, 2010) : 15세 이상, 드라마, 프랑스, 125분

- 로셀린 보스크 감독, 장 르노 주연
- 영화 소개 : 라운드 업은 일망타진해 검거한다는 의미로써 제2차 세계대전 중이던 1942년 7월 프랑스에서 자행된 '벨디브 사건'의 전후를 담고 있다. 유대인이라는 이유로 노란색 다윗의 별 배지를 가슴에 달고 살던 조의 가족과 이웃들은 어느 날 들이닥친 프랑스 경찰들에 의해 경륜장에 집단 수용 당한다. 제1차 세계대전 당시 프랑스를 위해 싸운 유대인들에게 배신감을 안기면서도 인종정화 정책의 공범자라는 소리를 듣기 싫어한 프랑스의 기만적인 행동에 대한 반성문 같은 영화다.

- 네이버 영화 정보 : https://movie.naver.com/movie/bi/mi/basic.nhn?code=89371

4. 쉰들러 리스트(Schindler's List, 1993) : 15세 이상, 드라마, 미국, 192분

- 스티븐 스필버그 감독, 리암 니슨 주연
- 영화 소개 : 기회주의자 사업가인 오스카 쉰들러는 나치 당원이 되어 뇌물과 접대로 폴란드계 유대인이 경영하던 그릇 공장을 인수하게 된다. 인건비를 하나도 안

주고 유대인을 이용하던 쉰들러는 회계사 스턴을 통해 현실을 직시하고 나치의 살인 행위에 눈뜨게 된다. 쉰들러는 양심에 따라 유대인을 강제 노동 수용소에서 구해내기로 결심하고 명단을 작성해 1,100명의 유대인을 구출했다. 전쟁이 끝난 뒤 연합군에게 쫓겨 도망을 가게 된 쉰들러가 더 많은 유대인을 구하지 못한 죄책감으로 후회하는 장면은 큰 감동을 주기에 충분하다.

- 네이버 영화 정보 : https://movie.naver.com/movie/bi/mi/basic.nhn?code=14450

5. 피아니스트(The Pianist, 2002) : 12세 이상, 드라마, 프랑스, 143분

- 로만 폴란스키 감독, 애드리언 브로디 주연
- 영화 소개 : 1939년 폴란드 바르샤바의 한 라디오 방송국에서 피아노를 연주하던 유대인 피아니스트 스필만은 연주 중에 폭격을 당한다. 이후 스필만과 가족들은 게토에서 생활하다가 수용소행 기차에 몸을 싣게 된다. 가족들을 모두 잃고 간신히 목숨을 구한 스필만은 추위와 굶주림, 고독과 공포 속에서 끝까지 살아 남는다. 무너진 건물에서 은신 생활을 하던 스필만은 순찰 중이던 독일 장교에서 발각되지만 그의 선처로 구사일생 하게 된다. 삶의 마지막 순간까지 영혼을 담은 연주를 했던 피아니스트의 모습에서 감동을 느낄 수 있다.

- 네이버 영화 정보 : https://movie.naver.com/movie/bi/mi/basic.nhn?code=35187

6. 주키퍼스 와이프(The Zookeeper's Wife, 2017) : 12세 이상, 드라마, 체코, 126분

- 니키 카로 감독, 제시카 차스테인 주연
- 영화 소개 : 제2차 세계대전 중에 폴란스 바르샤바에서 남편과 함께 동물원을 운영하던 안토니나는 독일의 유대인 학살이 심해지자 유대인들을 게토에서 빼내서 동물원에 숨겨주기 시작했다. 동물들이 사라진 동물원에는 유대인들로 채워져 갔고, 매일 아침 독일군들이 찾아오는 위험 속에서도 특별한 비밀작전이 수행되었다. 자신의 목숨이 위험한 상황에서 다른 사람들의 목숨을 구하기 위해 용기와 지혜를 발휘한 부부의 모습에서 진한 감동을 느낄 수 있다.

- 네이버 영화 정보 : https://movie.naver.com/movie/bi/mi/basic.nhn?code=143489

7. 제이콥의 거짓말(Jakob The Liar, 1999) : 12세 이상, 드라마, 프랑스, 114분

- 피터 카소비츠 감독, 로빈 윌리엄스 주연
- 영화 소개 : 1944년 겨울 제2차 세계대전 중에 나치가 점령한 폴란드 내 유대인 거주 지역 게토에서 카페를 운영하던 제이콥은 오랫동안 가게를 열지 못하고 있었다. 어느 날 밤 제이콥은 바람에 날리는 신문 한 장을 쫓다가 야간 통행 금지를 어긴 죄로 독일군에게 불려간다. 그곳에서 소련군이 폴란드 가까운 지역에서 독일군을 물리쳤다는 라디오 방송을 듣게 된다. 기쁜 소식을 사람들에게 전하자 제이콥이 라디오를 갖고 있다는 헛소문이 퍼지게 된다. 거짓으로 꾸며낸 소식으로 주민들에게 희망

을 주는 제이콥의 모습을 통해 잔잔한 감동을 느낄 수 있다.

- 네이버 영화 정보 : https://movie.naver.com/movie/bi/mi/basic.nhn?code=26792

8. 위대한 임무(Return to the Hiding Place, 2013) : 12세 이상, 드라마, 미국, 102분

- 피터 C. 스펜서 감독, 데이빗 토마스 젠킨스 주연
- 영화 소개 : 제2차 세계대전 중에 세력을 확장하던 나치당이 네덜란드의 무고한 유대인을 학살하려고 하자 십대들이 독일군에 맞서 소년병으로 구성된 군대를 조직한다. 한스 폴레는 '틴에이지 아미'라는 비밀 조직에 가입해서 위대한 임무를 수행하게 된다. 나치의 압박이 숨통을 조이는 가운데 유대인 고아원 아이들을 집단 학살의 위기에서 구해내는 장면에서 위대한 용기의 힘을 느낄 수 있다.

- 네이버 영화 정보 : https://movie.naver.com/movie/bi/mi/basic.nhn?code=92413

9. 책도둑(The Book Thief, 2013) : 12세 이상, 드라마, 미국, 131분

- 브라이언 퍼시벌 감독, 소피 넬리스 주연
- 영화 소개 : 1938년 제2차 세계대전 중에 소녀 메밍거는 엄마와 헤어져 한스와 로사 부부에게 입양된다. 메밍거는 또래 소년 루디와 단짝 친구가 되어 새로운 생활에 적응해 갔다. 어느 날 한스는 자신의 생명을 구해준 은인의 아들인 유대인 청년 맥스가 찾아오자

지하실에 숨겨준다. 메밍거는 세상과 단절된 채 지하실에 숨어 지내는 맥스를 위해 시장님 집에서 책을 훔쳐다가 읽어주고 자신만의 단어로 외부 풍경을 들려준다. 언제 발각될지 모르는 위험한 상황 속에서 피어난 특별한 우정을 통해 잔잔한 감동을 느낄 수 있다.

- 네이버 영화 정보 : https://movie.naver.com/movie/bi/mi/basic.nhn?code=105012

10. 안네의 일기(The Diary Of Anne Frank, 1959) : 전체 관람가, 드라마, 미국, 170분

- 조지 스티븐스 감독, 밀리 퍼킨스 주연
- 영화 소개 : 1934년 여름 히틀러가 집권하자 안네의 가족은 독일 프랑크푸르트를 떠나 네덜란드 암스테르담에 정착하게 된다. 1941년 암스테르담에서 유대인 검거와 처형에 혈안이 된 나치의 횡포가 심해지자 안네의 가족은 불안한 나날을 보내게 된다. 2년이 넘게 은둔생활을 하던 안네의 가족은 독일군에게 발각되고 폴란드 유대인 수용소에서 안네의 아버지만 빼고 모두 죽임을 당한다. 제2차 세계대전이 끝난 후 안네의 아버지가 은신처 다락방에서 안네의 일기장을 발견하는 장면은 가슴을 뭉클하게 한다.

- 네이버 영화 정보 : https://movie.naver.com/movie/bi/mi/basic.nhn?code=11944

11. 아이히만 쇼(The Eichmann Show, 2015) : 15세 이상, 드라마, 영국, 96분

- 폴 앤드류 윌리엄스 감독, 마틴 프리먼 주연

- 영화 소개 : 1961년 이스라엘의 예루살렘에서는 아주 특별한 세기의 재판이 열렸다. 6백만 유대인 학살을 주도한 나치 전범 '아돌프 아이히만'의 재판이 진행된 것이었다. 감독 허위츠와 프로듀서 프루트만은 37개 나라 수백 만 명에게 전달되는 세계 최초의 TV 생방송 이벤트를 기획하게 된다. 아이히만은 양심이 없는 악마일까? 양심은 살아있는 사람일까? 긴장과 스릴 속에서 인간의 본성에 대해 되돌아보게 될 것이다.

- 네이버 영화 정보 : https://movie.naver.com/movie/bi/mi/basic.nhn?code=126044

12. 나는 부정한다(Denial, 2016) : 12세 이상, 드라마, 영국, 110분

- 믹 잭슨 감독, 레이첼 와이즈 주연
- 영화 소개 : 홀로코스트는 없었다고 주장하는 데이빗 어빙과 홀로코스트는 있었다고 주장하는 유대인 역사학자 데보라 립스타트 사이에 벌어졌던 재판을 영화로 만든 작품이다. 미국과는 달리 무죄 추정의 원칙이 적용되지 않는 영국의 법률때문에 홀로코스트가 존재했었다는 사실을 데보라 립스타트가 증명해야 하는 상황이었다. 자신을 돕기 위해 합류한 변호사들과 함께 데보라 립스타트는 멋진 전략으로 승소하게 된다. 법정 공방을 지켜보면서 홀로코스트에 대한 진실을 확신하게 될 것이다.

- 네이버 영화 정보 : https://movie.naver.com/movie/bi/mi/basic.nhn?code=144984

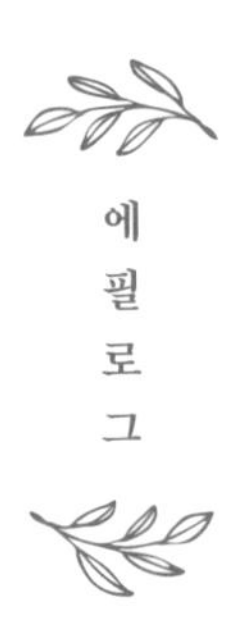

에필로그

부모로서 유대인에게 배울 점은 무엇일까?

자녀 교육을 최고의 이슈로 삼고 있는 우리는 최근 십여 년 동안 방송 다큐멘터리와 다양한 유대인 관련 연구를 통해 조명 받고 있는 유대인에 대해 긍정적인 이미지를 많이 갖게 되었다. 반면 뉴스에 심심치 않게 팔레스타인 지역 분쟁의 중심이 되기도 하는 그들에 대해 일부 반감을 갖고 있는 사람들도 있다.

한국인과 유대인은 여러 가지 면에서 공통점을 갖고 있어 더욱 친숙하게 여기는지도 모른다. 그리고 무엇보다 비슷한 조건에도 불구하고 그들이 이룬 눈부신 업적들은 우리의 관심을 한 몸에 받기에 무리가 없었을 것이다. 그러나 필자들은 유대인의 엄청난 성과를 막연히 부러워하거나 단숨에 따라 잡자는 것이 아니다. 그들이 우리보다 더 처참한 환경을 극복하고 세계를 움직이고 있는 배경이 무엇인지 알아보려 했다. 그중에서 우리가 배울 점이 있다면 비판적으로 받아들이는 자세가 필요할 것이다.

기존 유대인에 관한 연구물들을 살펴보면서 어떤 내용은 너무 어렵고 또 어떤 내용은 좀 더 알고 싶은 아쉬움을 주기도 했다. 그 동안 필자들을 포함해 유대인들의 뛰어난 공부 문화인 하브루타를 우리 교육에 접목 시키려는 시도가 많이 이루어지고 있었다. 그런데 유대인에 대한 공부를 거듭할수록 그들에게 정작 배워야 할 점은 그들이 어떤 공부 문화를 갖고 있느냐 하는 단순한 차원이 아니라는 것을 더 깊이 깨닫는 작업이었다.

'하브루타'는 그들로부터 우리가 발전적으로 배워야 할 내용 중 극히 일부분에 불과하고 그 또한 방법론이 아니라 하브루타가 담고 있는 의미가 더 중요한 것이었다. 그래서 단순히 우리가 궁금해 하는 유대인 공부방법 '하브루타'만이 아니라 지금 그들이 최고의 성과를 보이게 된 배경을 폭넓게 살펴보고자 했다. 아울러 유대인의 역사나 사회 문화를 전반적으로 다루면서도 되도록 쉽게 읽히도록 노력했고, 유대인에 관해 궁금했던 점들을 아이와 함께 하브루타 했던 내용을 실어 자녀와 실질적으로 하브루타를 시도해 볼 수 있도록 했다.

유대인의 역사를 살펴보니 유대 역사가 세계 역사와 궤를 같이 하고 있었다. 그렇기 때문에 유대인에 대한 공부는 세계 속에서 우리의 위치를 정확히 알고 지금 우리가 처해 있는 상황을 이해하는 일이라고 생각한다. 몇 천 년을 이어 내려온 그들의 역사만큼 다양한 배경을 갖고 있는 유대인에 대한 공부는 이제 시작에 불과하지만, 앞으로도 인류 역사의 흐름을 배우는 마음으로 지속적으로 유대인의 종교와 역사, 문화 등을 연구하고 새롭게 알게 된 내용들을 많은 분들과 공유하고 싶다. 그런 과정을 통해 우리가 배울 점은 배우고 비판적으로 수정 발전시킬 점은 발전시켜 한민족의 우수성을 되살리는데 조금이나마 도움이 되었으면 한다.

부록 : 유대인의 절기표

현대력 (바빌론 명칭)	태양력	민간력 (출애굽 이전)	성서력 (출애굽 이후-니산월을 신년으로 삼음)	유대절기	특징 (일수)
티슈리	9-10월	1월	7월	1-2:신년(나팔절) 나팔을 불어 알렸기 때문에 나팔절이라고 불림. 일을 쉬고 회당에서 희생제를 드림. 10:대속죄일(욤키프르) 새해 열 번째 되는 날로 금식하며 죄를 회개하는날 15-21:초막절 (수장절, 장막절, 수콧) 출애굽 한 이후 40년간 초막생활 한 것을 기념하는 날 3대절기 중 하나 21:호산나 라바, 심핫토라	민간력 첫달 (30일)
해슈반	10-11월	2월	8월		(29-30일)
기슬래	11-12월	3월	9월	25(8일간) : 수전절(하누카) (요10:22) 성전을 탈환하고 부정한 것을 몰아내는 의식을 할 때 하루동안 밝힐 순수한 기름이 한병 뿐이었으나 8일동안 메노라 불빛이 유지 된 것을 기념하는 빛의 축제	(30-29일)
데벳	12-1월	4월	10월	10: 이사라 브데벳	(29일)
스밧	1-2월	5월	11월	15:나무들의 새해(투 브스밧)	(30일)
아달	2-3월	6월	12월	14-15:부림절(에9:21) 에스더가 페르시아 하만의 음모에서 유대인 동포를 구해낸 것을 기념하는 기쁨의 축일	(29-30)

출처 : 〈유대인들은 왜?/랍비 ALFRED J. KOLATCH, 김종식·김희영역/크리스챤 뮤지엄〉

현대력 (바빌론 명칭)	태양력	민간력 (출애굽 이전)	성서력 (출애굽 이후-니산월을 신년으로 삼음)	유대절기	특징 (일수)
웨아달					윤달 / 2-3년 (29일)
니산	3-4월	7월	1월	14:유월절 (pesach, passover) 출애굽과 관련된 해방의 절기(출 12:11)로 애굽의 장자를 죽일 때 어린양의 피를 문설주에 바른 이스라엘 백성은 구원을 받았다. 패샤크(넘어간다:to passover) 즉, 재앙과 죽음을 넘어감을 기념하는 축일 15-21:무교절 무교절- 유월절 다음날부터 7일간 지키는 절기로 절기동안 누룩을 넣지 않은 무교병을 먹게 됨.	성서력 첫달 (30일)
이야르	4-5월	8월	2월	5:독립기념일 18: 제33일절(라그 브 오메르)	(29일)
시완	5-6월	9월	3월	6: 칠칠절 (SHAVUOT) 맥추절, 오순절, 초실절, 샤부옷 - 1년 중 봄 추수를 끝낸 감사절로 밀이나 보리를 수확한 후 첫 열매를 드리는 날, 유월절 첫 날부터 50번째 되는 날이어서 ; 오순절'이라고도 하며 유월절이 지난 7주째 지켜지는 날이어서 '칠칠절'이라고도 함.	(30일)
담무스	6-7월	10월	4월	17: 쉬바아싸르 베담무스	(29일)
아브	7-8월	11월	5월	9: 성전파괴일 (티샤 베아브)	(30일)
엘룰	8-9월		6월	히브리력 1월인 아빕월 15~21일 (양력 3-4월)	(29일)

도움 받은 도서 목록

〈유대인 이야기〉 - 홍익희/행성B잎새

〈유대인 바로보기〉 - 류모세/두란노

〈유대인의 역사〉 - 폴 존슨/포이에마

〈유대인〉 - 정성호/살림출판사

〈부모라면 유대인처럼〉 - 고재학/예담

〈유대인 창의성의 비밀〉 - 홍익희/행성B잎새

〈1% 유대인의 생각훈련〉 - 심정섭/매일경제신문사

〈질문이 있는 식탁, 유대인 교육의 비밀〉 - 심정섭/예담friend

〈마 아따 호쉐브?〉 - 박승호/그리심

〈유대인 엄마는 장난감을 사지 않는다〉 - 곽은경/알에이치코리아(RHK)

〈13세에 완성되는 유대인 자녀교육〉 - 홍익희/한스미디어

〈유대인들은 왜?〉 - 랍비 ALFRED J. KOLATCH지음, 김종식·김희영역/크리스찬 뮤지엄

〈유태인의 상술〉 - 후지다 덴/범우사

〈공부하는 유대인〉 - 힐 마골린/일상이상

〈유태인 가족대화〉 - 슈물리 보테악/알에이치코리아

〈유대인의 성공코드 Excellence〉 - 헤츠키 아리엘리/IMD center

〈탈무드 하브루타 러닝〉 - 헤츠키 아리엘리/IMD center

〈자녀교육혁명 하브루타〉 - 전성수/두란노

〈부모라면 유대인처럼 하브루타로 교육하라〉 - 전성수/예담

〈질문하고 대화하는 하브루타 독서법〉 - 김정완,양동일/예문

〈랍비가 직접 말하는 탈무드 하브루타〉 - 랍비 아론 패리/한국경제신문i

〈비즈니스 성공의 비밀 탈무드〉 - 래리 캐해너/한국경제신문사

〈탈무드에서 인생을 만나다〉 - 공병호/해냄

〈탈무드 이야기〉 - 홍익희/홍익인간

〈탈무드와 유대인〉 - 홍익희/홍익인간

〈탈무드〉 - 편집부/더클래식

〈베니스의 상인〉 - 윌리엄 셰익스피어/책읽는동네

〈탈무드〉 - 사이니야/베이직북스

〈유대인의 자녀교육〉 - 홍익희/홍익인간

〈질문 잘하는 유대인 질문 못하는 한국인〉 - 김정완/한국경제신문

〈후츠파로 일어서라〉 - 윤종록/멀티캠퍼스하우

〈이스라엘 탈피오트의 비밀〉 - 제이슨 게위츠/윤종록감수/윤세문 외 역/RHK

William Barclay,'Educational Ideals in th Ancient World, Baker House, 1954, 재인용, 김형종, 테필린